XIANDAI ZHIWU ZUZHI PEIYANG YUANLI JI YINGYONG JISHU

现代植物组织培养原理及应用技术

王玉珍 ◎ 著

中国原子能出版社

图书在版编目（CIP）数据

现代植物组织培养原理及应用技术 / 王玉珍著. --
北京：中国原子能出版社, 2017.8（2024.8重印）
　　ISBN 978-7-5022-8283-7

　　Ⅰ.①现… Ⅱ.①王… Ⅲ.①植物组织 – 组织培养
Ⅳ.①Q943.1

中国版本图书馆CIP数据核字（2017）第178972号

现代植物组织培养原理及应用技术

出版发行	中国原子能出版社（北京市海淀区阜成路43号 100048）
责任编辑	王　朋
责任印刷	潘玉玲
印　　刷	三河市天润建兴印务有限公司
经　　销	全国新华书店
开　　本	787毫米*1092毫米　1/16
印　　张	13.75
字　　数	237千字
版　　次	2017 年 11 月第 1 版
印　　次	2024 年 8 月第 2 次印刷
标准书号	ISBN 978-7-5022-8283-7
定　　价	45.00元

网址：http//www.aep.com.cn　　E-mail:atomep123@126.com
发行电话：010-68452845　　　　版权所有　翻印必究

前　言

　　现代生物技术是20世纪70年代以来迅猛发展的一门高新科学技术。植物组织培养技术是一项渗透到现代生物科学各个领域的重要研究方法和技术手段，在世界各国得到了迅猛发展，成为植物生物技术的重要组成部分，并逐步走向产业化应用的发展道路；同时，该技术也加速和推动了农业生产和生物制药等领域的技术创新。目前，植物组织培养技术在植物种苗快繁、植物脱毒、育种、生物制药等领域已得到广泛的应用，并取得显著的经济效益。随着我国生物、农业科技的发展，植物组织培养技术已越来越重要。

　　近年来，关于植物组织培养方面的书籍较多，尤其以理论方面介绍的居多，且各具特色。然而，植物组培快繁是应用性较强的一项技术，因此《植物组织培养原理及应用技术》对常规的组培理论部分进行了一定的精炼，并与组培案例相结合，使读者既能够较好地了解植物组织培养的理论和操作相关流程，又能较好地从本书案例中得到一定的借鉴，有利于读者在今后的组培研究与生产中，不断提升自身的业务水平。本书的撰写是在广泛调查研究、参阅大量文献资料的基础上，运用最新的科研成果，结合我国植物组培快繁技术的实际，进行分析、归纳和消化吸收而形成的。本书的主要内容包括组织培养常见概念、发展历史、原理、操作技术（组织培养、细胞培养、原生质体培养、突变体筛选等）以及一些常见植物组织培养快繁技术应用案例，以期适应组织技术的发展。所阐述的内容具有较强的科学性、先进性、实用性和可操作性，对提高组培快繁技术水平、加快组培快繁技术的推广应用，将会起到重要作用。

　　植物组织培养是一门应用性很强的技术，在实际操作过程中，更多的是需要能够针对不同的问题提出有针对性的解决方法，包括新配方的研发、组培生产工艺的改进，从而用较低的成本生产出品质较佳的组培苗。因此，建议读者可以多阅读普通遗传学、植物生理学、植物学等方面的书籍，以增加相关理论知识的积累，同时多关注组培方面的最新技术、成果，真正做到对植物组织培养技术的运筹帷幄。

由于作者水平有限，书中不妥之处在所难免，敬请读者批评指正。

作　者

2017年7月

目　录

第一章
植物组织培养基础理论阐释

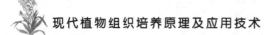

植物组织培养是20世纪初以植物生理学为基础发展起来的一门重要的生物技术。它的建立和发展,对植物科学各个领域的发展均有很大的促进作用,并在科学研究和生产应用上开辟了令人振奋的多个新领域。

第一节　植物组织培养的基本内涵

一、植物组织培养的概念界定

植物组织培养又称植物离体培养,是指: "在无菌和人工控制条件下,利用合适的培养基,对植物的器官、组织、细胞或原生质体进行培养,使其按照人们的意愿生长、增殖或再生完整植株的一门生物技术"(图1-1)。[1]

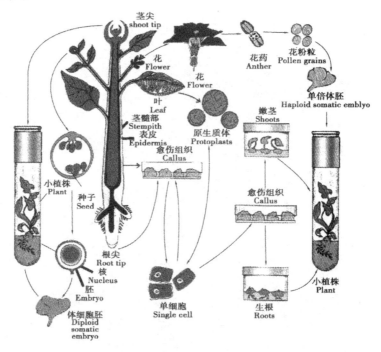

图1-1　植物组织培养过程示意图

[1] 秦静远. 植物组织培养技术 [M]. 重庆:重庆大学出版社,2014.

二、植物组织培养的类型分析

（一）器官培养

一般情况下，已分化的植物器官在体外培养中不会有损其完整性（integrity）。有两类培养方法：

①定型器官（determinate organs），指遗传注定特有其大小和形状的器官，如叶、花、果实。

②未定型器官（indeterminate organs），它们的生长可能不受限制。如根或非花梗的茎枝　过去曾认为根或茎顶端内的分生组织不受某种特殊发育方式的限制，而现在则认为，像一些定型器官的原基（primordia），如叶、顶端分生组织，已是遗传性编码地（inherently programmed）（也就是定型的）将成为根或茎枝。不定型和定型器官两者的最终发育方式常在很早的发育阶段就被确定，如茎尖分生组织上的突起，早在几次细胞分裂后即致编码确定发育成侧芽还是长成叶片。

1.定型器官的培养

所有器官都是从一组分生组织细胞长出来的。理论上，一个未定型器官的分生组织可以同一方式连续、无限地生长，这与定型器官的原基（primordia）情况显然不同。定型的已接受如何分化的指令，因此它的细胞进一步分裂的能力是有限的。

如一个定型器官的原基被切下并转接到培养基上，有时它会继续生长直至成熟。体外（inyitro）培养所得器官比原初在容器外生长的（in vivo）母株发育的较小，除此之外其他方面是正常的。当定型器官长到最大限度时，其生长即停止，此时做继代培养其生长也不会延续。

有些器官人们已培养过，知道它们的生长潜能是有限的，包括：

①叶片；

②果实；

③雄蕊；

④子房（ovaries）和胚珠（ovules，可发育长成胚）；

⑤几种双子叶植物的花芽：

a. Cucumis sativus（黄瓜）；

b. Nicotiana tabacum（普通烟）；

c. Aquilegiaformosa（金黄楼斗菜，楼斗菜属毛茛科）；

d. Cleome ibgridella（醉蝶花属，白花菜科）；

e. Nicotiana offinis（烟草属，茄科）。

直到最近，一些体外培养实例才获得完全而又正常的发育，这很可能是由于使用了亚适量组成成分培养基（media of sub.optimum composition）。利用培养基组分不同所做实验，Berghoef 和 Bruinsma（1979a）获得福哥秋海棠（Begonia franconis）芽的正常发育，使人们能研究生长物质、营养因子对花发育和性器官出现的影响。同样的，Angri sh 和 Nanda（1982a，b）以同样方法培养柳属植物（Salix）休眠芽，研究芽的位置和休眠期的累进影响（progressive influence），对分生组织定型成为柔荑花序（catkins）和可育的花（fertile flowers）方面所起的效应。还有几种植物的花在体外培养过程中授粉，并产生成熟果。

培养已经有遗传性安排产生定型器官的分生组织是不能繁殖植物的，但如果发育进展得不是很远，把花芽分生组织在体外培养中诱导返回成营养性分生组织（vegetative meristem）也是不少见的。有些植物从一个大花序上的花分生组织可以产生营养性茎枝，这的确给植物快繁又提供了一种便捷的方法。

2.培养未定型器官

（1）分生组织和茎枝培养

茎枝生长点可采用一种方法使它们能继续进行不间断的、有结构的生长。如能长成一个有组织结构能生根的茎枝，则对植物扩繁很有实用价值。有两种重要的可用方法：

①分生组织培养也就是茎顶尖的培养。此技术可使植物脱毒——不受病毒侵染，可从茎尖也可从侧芽处切取外植体。这种外植体是很小的茎顶尖（apex）（0.2～1.0mm长），仅包含顶部分生组织和1～2个叶原基。

②茎枝培养或茎尖（tip）培养也就是较大的茎尖培养。其长度从5～10mm，像未切割的芽那样大。此法是扩繁植物非常成功的方法之一。

如图1-2所示了上述两种培养方法所用外植体，在典型双子叶植物茎尖部分的相对大小和位置。节培养（node culture）不过是茎枝培养内容很相似的改编版而已。

假若分生组织的、茎枝的和节的三种培养方法获得成功，它们都能最后长出小茎枝。这些小茎枝的处理方法有多种：可去生根产生小植株，称"plantlets"；也可诱导腋芽生长形成一丛茎枝（俗称团块，即相对单株而言）。丛枝可以分开，再培养扩繁植物；也可将生长中的单株再培养；在上述培养阶段单株或丛枝团块可能会生根。应当在生根阶段或生根阶段前夕将这些生根的茎枝在无菌条件下移出来炼苗使它们正常生长。

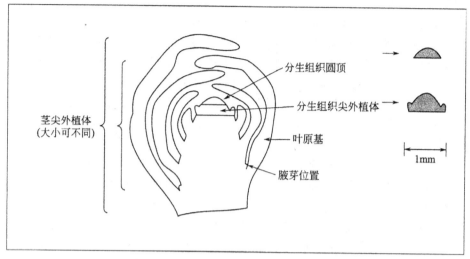

图1-2　芽的图解切片，表示各组织器官相对大小和位置

（2）胚的培养

接合子（zygotic）也就是种子胚常用做植物组培外植体是很有利的，如用它来启动愈伤培养。不过胚的培养是要从种子中将胚一个个分离出来并在体外培养使"发芽"，每个外植体产生一个植株。用胚培养得到种苗比从种子要快很多，因种子有较长休眠期；尤其当所用种子是种间杂交的，其基因型使胚或种子活力低而不能产生种苗。在植物进化过程中会产生天然不容性（natural incompatibility）从而限制有性杂交，已知有两类不孕性（infertility）：

①前接合子不容性（pre-zygotic incompatibility）　即接合子形成之前就有的不容性，可阻止花粉萌发和/或花粉管的生长，因此接合子永远不会形成；

②后接合子不容性（post-zygotic incompatibility）接合子虽然形成但不被胚乳（endosperm）所接受，胚得不到足够营养最终瓦解或发育不全。

前接合子不容性有时在实验室条件下还可以克服，可用体外授粉也称体外授精技术（in vitro pollination，或in vitro fertilisation）。此法由Kanta等（1962）开发。有关这方面的综述文罩有：Ranga Swamy（1977）、Zenkteler（1980）和Yeung等（1981）；有关胚培养方面的综述有：Raghavan（1967，1977a，1980）、Torrey（1973）、Norstog（1979）。

胚培养已成功地应用于很多植物属来克服后接合子不容性而得到想要的杂交种的种苗（hybrid seedling）。例如，Sharma等（1980）想把野生茄属植物（wild Solanum species）的抗虫基因转至茄子（aubergine），也就是用胚培养得到一些杂种植物（Solanum melongena × S. khasianum，茄×喀西茄），这种情况下所做的胚培养，更确切、更恰当地应称为胚的拯救（embryo rescue）。但这种方法的成功率一般是相当低的，尤其是所得新杂种是远缘杂交的（remote crosses），有时仍然是不育的。如果之后它的扩繁是无性的，则这种缺点也就无关紧要了。有些树和无核小果（soft fruits，如草莓等）以及鸢尾属（Iris）植物的不容性品种间的杂交种就是用培养相当成熟的胚所获得的。

在取胚前，果实或种子表面应消毒灭菌。假若在切取、转接至培养基上全过程是严格的无菌操作，则胚本身无需再消毒。为易于切取胚，可先将种子在水中泡至种皮软化，如软化需几小时以上则建议该种子需再次消毒。从小种子中切取胚可能需用解剖显微镜，切取时不使胚受伤是很重要的。

授粉后几天的不成熟胚（pro-embryos）的培养最终所得种苗比例远远大于较成熟胚的培养，这是由于不容性机制（incompatibility mechanism）还来不及（时间太短）起作用。遗憾的是，切取很小的胚需要高技巧且费时。受损而不能在体外培养中生长也是常有的事。Hu和Sussex（1986）体外培养大豆的不成熟胚得到最佳结果，正是由于所分割出的胚是带着完整胚柄的（suspensors intact）。一般情况是切割下的胚提早发育成种苗，也就是它们在长成像正常种子中那样大小之前就发育成种苗了。

有一种替代胚培养的方法是有些植物可切取授粉子房（pollinated ovaries）和不成熟的胚珠（ovules）来培养。胚珠培养有时又称"in ovulo embryo culture"，这样培养比培养年幼胚更易成功。一般地说，不成熟胚需复杂的培养基才能生长，而胚珠里边的胚无需复杂培养基，并且也较容易切取，同时对培养的物理条件也相当地不敏感。如图1-3所示，表明了胚和胚珠培养的区别。

烟草属（Nicotiana）种间杂交种的胚珠培养所得种苗在长出几片真叶后全部死掉，因此Iwai等（1985）用不成熟种苗叶片为外植体产生了愈伤培养。愈伤再生出的茎枝大部分也在早期死掉，只有一个最终长成了植株，之后发现该植株却是一株不育的杂交种。Kato和Tokumasu（1983）从天竺葵属的杂种愈伤再生出植株，而愈伤却直接来自不能长成种苗的球状或心状的合子胚（zygotic embryos）。兰花（orchid）种子既没有功能性的储存器官也缺少真正的种皮，因此从中切割出胚是不可能的。其实目前为商业目的，兰花种子总是先在体外培养条件下发芽，然后从绿荚中取出不成熟种子，并且很容易生长。

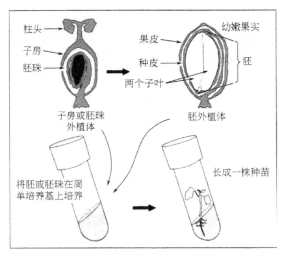

图1-3 胚和胚珠的培养

曾为胚培养特意研发出很多培养基，有些已是现在常用培养基的先驱者。通常，成熟胚仅需要无机盐同时补以蔗糖，但未成熟胚则需附加维生素、氨基酸、生长调节剂，有时还需椰乳或其他胚乳提取物。

Raghavan（1977b）赞成用甘露醇，这样可取代胚珠液（ovular sap）所施加给未成熟胚的高渗透压。从体外培养胚得到的种苗也像其他组培所得小植株一样移植到容器外来炼苗。

（3）分离根的培养

很多植物可从初生根或侧根的根尖开始建立根的培养。最适外植体是带有初生根或侧根分生组织的一小段根。这些外植体可从表面消毒的种子，并在无菌条件下萌发后的小种苗上得到。如很小的根分生组织生长在合适培养基上会继续正常生长，但只会产生包含初生根和侧根的根系如图1-4所示，不会形成有结构的茎枝芽（shoot buds）。

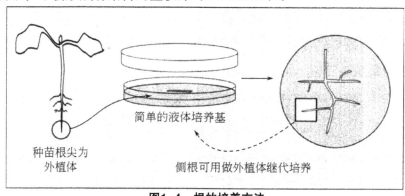

图1-4 根的培养方法

发现根能在没有茎枝组织条件下生长是近代组培科学首批重要进展之一。根的培养一开始就吸引了研究工作者的大量注意，而且很多不同的植物种的根培养都获得了成功。

一般按根培养的难易程度把植物分成三类：①三叶草（clover）、曼陀罗（Datura）、番茄和柑橘的分离根可长期生长（Said和Murashige，1979），有些似可无限地长。只要进行常规继代即可。②很多木本植物种的根分离后根本不能培养成功。③豌豆、亚麻和小麦根能长期培养，但最终还是生长逐渐衰退，或得不到足够侧根作继代培养的外植体。

分离根培养不能维持生长是由于培养过程中诱导出分生组织的休日民或"衰老"，此现象又与根在体外培养生长时间的长短有关。将休眠的分生组织转至新鲜培养基上并不能促其再生长，这可能是由于在根尖积累了天然存在的生长素类的生长物质（naturally occurring auxinic growth substances）。因此，如添加抗生长素或细胞分裂素类的生长调节剂常能促进根培养的生长，但如在培养基中添加生长素或赤霉素会造成更快地停止生长。转接根尖无法维持根培养的培养物，有时将它新生的侧根分生组织作继代外植体却能继续根培养。

分离根通常是用相当简单的培养基如White培养基（1954），含2%蔗糖。用液体培养基生长的比在固体培养基上生长得好且快。这可能是由于从固体培养基根不太容易获得盐分，氧摄取也受限制。根能接受硝态/铵态混合氮源（mixed nitrogen/ammonium source），但一般在单纯铵态氮源上不能生长。各种植物种，甚至品种和品系的根培养基所需生长调节剂，特别是生长素（auxin）是不同的。

分离根的培养已被很多目的不同的研究者所用，特别有价值的是研究线虫的侵染。该方法能在无菌条件下培养这种寄生物。根培养也被利用使有益的菌根真菌（mycorrhizal fungi）生长，以及研究豆科植物与固氮细菌Rhizobium结瘤过程。为了研究固氮作用，对一些标准技术散了各种特别的修饰，使根可在无硝酸盐培养基上生长（Raggio等，1957；Torrey，1963）。

与某些其他的组培不同，根培养表现出高度遗传稳定性。因此，有建议认为根培养为储存某些植物种的种质（germplasm）提供了便利方法。对某些合适的植物种，根培养为植物快繁提供了一种很方便的外植体来源，不过这是有条件的，只有当茎枝可从根上再生时它才是有用的。有几种途径可使用这种方法，不过这些途径也只对少数植物属起作用，因这些植物天然就有从整个根系或切割分离的根上产生吸根（suckers，即从根上长出茎枝）或新茎枝的能力。具体有以下三种途径：

①直接形成不定枝（adventitious shoots）;②间接从根愈伤长出茎枝或胚；③根尖分生组织转化为茎枝分生组织从而长出多个茎枝。

有些植物种切割分离的根较容易形成不定枝，园艺家常用扦插根（root cuttings）的方法来扩繁植物。尽管已知很多植物的根体外培养时，从根上可直接形成再生枝，但并未广泛用于快繁。把肉质根（fleshy root）的一段作原初外植体非常可能形成新茎枝。切下的根段是有极性的，不定枝永远在近极端（proximal end）发生，而新根从远极端生出（distal end）。假若能诱导茎枝直接从分离的根培养物上形成，则此法在快繁上是很有用的。遗憾的是，在它们从分离根上直接产生茎枝的能力方面有高度遗传特异性。常常是在培养基中添加细胞分裂素后可诱发茎枝，成功的实例有：

Seeliger（1956），培养刺槐（Robinia pseudoacacia）的根，从中得到茎枝芽；Torrey（1958），使旋花属植物（Convolvulus）根培养物上长出茎枝芽；Zelcer等（1983），从烟草属（Nicotiana）三种植物根上直接诱导出茎枝。茄（Solanum melongena）上也可以。但普通烟（N.tabacum）和N. petunoides的茎枝只能从根的愈伤上形成。Mudge等（1986），这是最令人乐观的报告。认为从木莓（或山莓，raspberry）根培养物可诱发茎枝的技术可为体外扩繁此植物提供既便利又节省劳力的方法。

有些植物种的再生可以从根的愈伤组织长出，如番茄、菘蓝（Isahis tinctoria，菘蓝属，十字花科）、颠茄（Atropa belladonna，颠茄属，茄科）。

从某些兰花（orchids）根尖所形成的愈伤上有胚的发生（embryogenesis）并最终形成类原球茎体（protocorm-like bodies），这些兰花是：Catasetum trullaXCatasetum（龙须兰属）;树兰（Epidendrum obrienianum，树兰属）；小金蝶兰（Oncidium vanicosum，文心兰属）。

改变报分生组织已被定型的性质，不形成根却产生茎枝，这是很稀罕的事件，却在体外培养的香果兰（Vanilla planifolia，香果兰属）上发生了。其根尖分生组织的静止区（quiescent centre）被改变为茎枝分生组织，结果是被培养的根尖长出小植株或多个小枝条（Philip和Nainar，1986）。Ballade（1971）将豆瓣菜（Nasturtium offiicinale，豆瓣菜属，十字花科）单节上的初生根作外植体，并放一块结晶的激动素在每个外植体上，同时转至含0.05%葡萄糖的培养基上，结果竟产生出茎枝分生组织。

（二）无组织结构细胞的培养

1.愈伤的培养

愈伤是植物细胞以无组织结构的方式繁殖的一团相互粘连又无定形的组织（amorphous tissue）。它常常是由昆虫、微生物或逆境（stress）所引起的创伤在完整植物的体内或表面诱发的。将完整植物一小块（外植体）放在无菌条件下的可供给营养的培养基上就能启动愈伤的形成。在内源生长调节剂或将外源生长调节剂加至培养基中时，原本处于静止状态的细胞代谢受刺激开始活跃的细胞分裂。在此过程，整个植物体内一直在进行的细胞分化和特异化会逆转使外植体产生新组织，这种组织正是由分生组织和非特异化细胞型所组成。

在脱分化过程中，休眠细胞中的典型储存物质逐步消失。组织中形成新分生组织，它们产生出未分化的薄壁细胞，这些细胞没有任何结构特征是它们所来源的器官或组织所具有。虽然愈伤保持呈无结构状态，但随着生长不断进展，某些特异化的各类细胞又会形成。这种分化的出现，器官的形成似乎是随机的，不过可能与形成各种器官如根、茎和胚的形态发中心（centre of morphogenesis）相关。通常说植物再生就是指从无结构组织的培养物——即从头开始（denovo）——产生植株的过程。

虽然大多数试验都是用高等植物组织进行的，但愈伤培养物也能从裸子植物（gymnosperms）、蕨类植物（fern）、藓苔植物（mosses）和菌藻植物（thallophytes）建立。整株植物的很多部位都有很好的在体外培养中增殖的潜能，但经常会发现从某些器官建立愈伤培养物更容易一些。年幼的分生组织是最好、最合适的，但植物较老部分的分生组织和形成层（cambium）

也能产生愈伤。对双子叶植物（dicotyledonous species）选择什么组织来起始愈伤培养是最重要的。单子叶植物（monocotyledons）组织产生愈伤的能力差别最显著，如大多数谷物的愈伤的生长只能从结合子胚、发芽中的种子、种子的胚乳或种苗的中胚轴（mesocotyl）和极幼嫩叶片或叶鞘得到，至今未能从成熟叶组织得到过。甘蔗的愈伤培养只能从幼嫩叶或叶基部组织起始，从成熟或半成熟叶片是得不到的。

同一个器官内，关系密切的组织其愈伤启动能力也可能是不同的。例如Hordeum distichum（两棱大麦，也是粮食作物）从其正在发育的种子中取出早期分化的胚来培养，愈伤即从具有分生组织的中胚轴增生而不是从与之紧密相邻小盾片（scutellum）和胚根鞘（coleorhiza）的细胞生出。

从原初外植体上形成的愈伤叫原初愈伤（primary callus）。从原初（或原生）愈伤切出小块组织长出的叫次生愈伤（secondary callus）。继代培养常常可延续多年，但保留时间越长的愈伤其细胞遭受遗传变异的危险性也越大。

愈伤组织并非只有单一种类。不同品系的愈伤（strain of callus）在外形、颜色、紧密程度方面（compaction）是不一样的，而且来自同一单个外植体的愈伤其形态发生潜能也常常不一样。有些时候，所得愈伤类型其细胞分化程度、再生新植株能力取决于选做外植体组织的年龄和来源。不紧密即松散（friable）愈伤一般都选做悬浮培养的起始物。

某种品系愈伤和另一品系的区别，要看细胞内起作用的是哪一种基因编码（genetic programme）[指表观遗传学的不同（epigenetic differences）]。如愈伤是来自一种以上细胞所组成的外植体，则变异性（variability）产生的可能性更大些。因此，从形态均一的组织选取小外植体是有益的，切记：最小外植体一般都需要有愈伤的形成。

无组织结构的愈伤和悬浮培养物的细胞遗传性会改变是很正常的，所以组成这些群体的细胞基因型（genotype）也稍有不同。不同的细胞品系（cell strain）具有不同的特性也就不足为奇了。。

2.细胞悬浮培养

植物无组织结构细胞可以长成像愈伤那样聚集成一团，也可以在液体培养中自由地漂游。所以用于悬浮培养的技术与大规模培养细菌的很相似。顾名思义，细胞培养或称悬浮培养是将松散的愈伤接种到液体培养基中开始的（图1-5）。

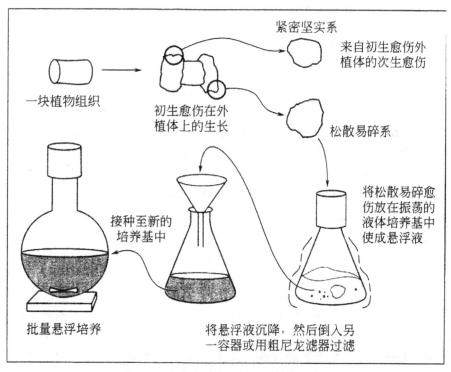

图1-5 愈伤启动和悬浮培养的典型步骤

在摇动或搅动时，单个细胞脱落，经细胞分裂形成细胞链或团块，它们再次断裂，一个个细胞又脱落，又形成小的细胞团。在起始悬浮培养前并非总是先有愈伤阶段。例如，将Chenopodium rubrum（红叶藜）叶片一部分漂浮在MS（1962）培养基上，如在光照下，快速生长，叶肉细胞开始分裂。在旋转摇床上（rotary shaker）4天后，叶片完全解体，并向悬浮液中释放大量细胞。

由于植物细胞壁天然有相互黏附倾向，不太可能得到悬浮液只含分散的单个细胞。采取细胞分离方法来选择细胞系有些进展，但培养完全分离的细胞尚未成功。细胞的小聚集体其大小比例因植物品种和用于生长的培养基的不同而异。因为聚集在一起的细胞比隔离的细胞更容易进行细胞分裂，所以在快速细胞分裂期间细胞簇（cell cluster）的比例显著增加。但接近静止生长期时（stationary growth phase），由于振荡或搅动会使单个细胞或小细胞团脱落从而使成批培养中（in batch culture）的细胞簇变小。

悬浮培养中的细胞分散程度特别容易受培养基中生长调节剂浓度的影响。生长素类生长调节剂（auxinic growth regulators）能增强溶解植物细胞壁中胶层（middle lamella）的酶活性（Torrey和Reinert，1961），所以如培养基中含高浓度生长素（auxin）和低浓度细胞分裂素（cytokinin），一般来说会增加细胞分散程度（Narayanaswamy，1977）。不过，高水平生长素使细胞分散度达最高，却使所培养的细胞维持在不分化状态（undifferentiated）。这对于利用悬浮培养生产次生代谢产物来说则是很大的缺点。分散度好的悬浮培养物是由薄壁的未分化细胞组成，这些细胞的大小、形状从来不会是均一的、一样的。结构分化程度高的细胞则有厚细胞壁甚至是类管胞（tracheid-like）成分，而且一般地说，细胞分化常发生在较大的细胞聚集体中。

已研发出多种不同的悬浮培养方法，可分为两个主要类型：

①分批培养（batch culture）细胞培育在固定体积的培养基内，直到生长停止；②连续培养（continuous culture）连续补充灭菌营养物，维持细胞生长。

所有这些技术都利用某种振荡或搅拌方法以保证细胞分散和适当的换气。

（1）分批培养

启动方法是将细胞接种到固定体积的培养基中。随着生长不断进展，细胞量增加直至营养枯竭或抑制性代谢产物积累。分批培养有不少缺点：不适用于持续地研究生长和代谢，也不适用于植物细胞的产业化生产，但它却广泛地用于很多实验室和厂家的研究工作中。小型培养物通常放在轨道式摇床上（orbital shakers）来振荡。在摇床上固定一些容器，容积从100mL（锥形瓶）至1000mL（圆形瓶），所装培养基量几乎与烧瓶容积量一样。摇床速度为30～180r/min（每分钟转数），轨迹移动约3cm（orbital motion of about 3cm）。也有用搅拌系统的。

（2）连续培养

用分批培养很难获得以稳定速率来生产具有恒定大小和组成成分的新细胞。必须不断地做所需的再培养（sub-culturing），两次培养之间所需的间隔时间就相当于细胞群体加倍时间。所以令人满意的均衡生长只能用连续培养，特别是用植物细胞大规模生产原初或次生代谢产物时此法显得特别重要。连续培养技术需相当复杂的仪器设备。用生物反应器的较大规模培养需用涡轮机（turbine）来搅拌，或/和从反应器底部通入消毒的空气（或可控的混合气体）经有阀的出气口排出。机械搅拌的反应器有剪切力（shearing）使植物细胞受损伤，而气升式反应器（air-lift reactor）可将这种损伤降至最小。如图1-6所示给出了不同生物反应器的设计。

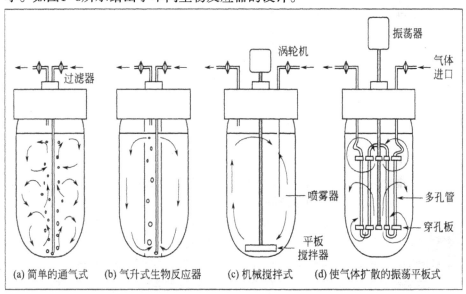

图1-6　用于植物细胞培养的四种类型的生物反应器

（3）利用悬浮培养于植物扩繁

植物细胞在悬浮液中的生长比在愈伤培养的要快得多，而且也较易控制，因为培养基易于修正或改换。悬浮培养也可诱发器官，通常根和茎的启动就是在细胞聚集体中开始的。体细胞胚也可从单细胞长出。悬浮培养的细胞也可在固体培养基上铺平板（plate），单个细胞或/和细胞聚集体在上边可长成愈伤集落（callus colonies）并从中再生出植株。

基于这些理由，悬浮培养为快速扩繁植物提供某种方法是可以期待的。以下介绍两种方法：

　　①在悬浮培养中形成体细胞胚并从中长出植株。一旦产生出胚，它们就能在固体培养基上正常地长出小植株。

　　②来自悬浮培养的细胞可平铺在固体培养基上，单个细胞和/或细胞聚集体会长成愈伤集落，并从中再生出植株。

　　在实践中，这些技术用于植物扩繁，尚未达到足以信得过的地步。

　　（4）固定化细胞培养（immobilised cell culture）

　　将植物细胞先培养在凝胶中，然后将其固化（solidified），这样细胞即被俘获而固定住。此技术过去仅限于在植物快繁方面，而现在则广泛用于植物细胞来生产其次生代谢产物或化合物的生物转化方面（biotransformation of chemical compounds）（Lindsey 和 Yeoman，1983）。

　　（三）单个细胞起源的培养物

　　1.单细胞克隆

　　单个植物细胞可以启动培养，但只有采用特殊技术才可以。通常该技术包括先将悬浮培养的细胞通过过滤器，滤掉粗的细胞聚集体，只有单细胞或小细胞簇才能通过。这些小细胞团也假设是来自单个细胞，将它们平铺在培养皿(Petri dishes)中的固体培养基上,要有足够的密度便于细胞生长，但也应有足够的分散度，因为一旦生长开始，一个个愈伤集落可在双筒显微镜下识别并分别转至新鲜培养基上。用这种方法，来自单个细胞的细胞系（cell lines）有时也称做单细胞克隆（single cell clones）或细胞品系（cell strains）（Street，1977）。

　　每个细胞克隆有一个最低有效启动细胞密度（minimum effective initial cell density），也叫做最低接种密度（minimum inoculation density），如低于该密度则不能培养成功。最低密度因所用培养基和加入的生长调节剂的不同而有所变化。不过在标准培养基上，它常是10～15个细胞/mL。太分散的细胞或原生质体不会长起来，这是因为在它们周围的培养基中缺乏必不可少的生长因子。如果将原来有培养物生长过的培养基的过滤提取液加至标准培养基中，那么原来最低接种密度值可变得更低些，或者加些特别的有机添加物（special organic additives）也可达到同样目的。如此处理的培养基前者称条件培养基（conditioned medium），后者补加有机化合物的称补加或补料培养基（supplemented）。

　　若细胞或原生质体铺平板时的密度不足以引发天然的细胞分裂，也可以把正在生长的组织放在旁边起保育作用（being nursed），这样也能补养来启动生长。例如，将接种物放在滤纸圆盘上像个木筏一样，或用惰性有孔材料（inert porous material）也可。然后使接种物能接触一个已建立好的愈伤培养物。接种物和起保育作用的愈伤细胞两者应是相似的植物种，如起保育作用的是细胞称保育细胞（nurse cells），如是植物组织则称饲养层（feeder layer）。另外一种方法是将培养皿分成四个小区，把饲养层和被补养的细胞或小团块相间隔地放置。这两种方法建如图1-7所示。

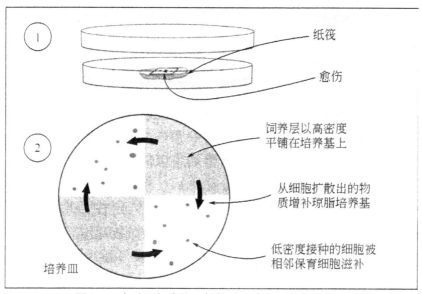

纸筏

愈伤

饲养层以高密度平铺在培养基上

从细胞扩散出的物质增补琼脂培养基

低密度接种的细胞被相邻保育细胞滋补

培养皿

图1-7　有助于低密度平板接种细胞生长的两种方法

Bellincampi等（1985）描述了一种从单细胞起源产生细胞集落（cell colonies）的方法。先将高比例单细胞悬浮液过滤，滤液以高密度培养在仅含0.2%琼脂的培养基上。这种浓度的琼脂不会把培养基固化，却能把来自单个细胞与正在生长的细胞集落分开。当10～15个细胞组成的细胞簇形成时，将它们以50平板接种单位/mL和200平板接种单位/mL（plating units/mL）的稀释度在含1%琼脂的培养基上做平板培养，在这种琼脂浓度的培养基上可长成一个个分隔开的愈伤集落（callus colonies）。两种接种单位的平板效率（plating efficiency）分别为20%和60%，平板效率是指产生的愈伤集落数占平板接种单位（即细胞簇）的百分比。

建立单细胞克隆是把来自一个混合的细胞群体中遗传特性不同的细胞系（cell lines）分开的一种方法。可用人为方法增加一个培养物中细胞间的遗传变异（genetic variation），可施以特异的选择压（specific selection pressure）就能得到抗性细胞系（resistant cell lines），如对某些药物、除草剂或高盐浓度等的抗性。已有一些实例证明从所得细胞簇或愈伤再生的植物是具有相似抗性的（Dix，1990）。

2.被分离开的细胞

直接从完整植株上分离开（separated）单细胞既较容易也比原生质体不易受损伤，因为这样的细胞有着完整的细胞壁。因此这种单细胞可用于需耐受性较强的实验操作，如直接进行生理学上的研究（used in robust operations such as direct physiological studies）。据报道，为达此目的，这种单细胞比来自组培的细胞更能代表是分化的组织，可是分离造成的破坏也会诱发不正常反应（atypicalresponse）。

（1）机械分离有些植物种，用机械破碎组织能分离出某些器官的完整细胞。例如，从Asparagus sprengeri（非洲天门冬、天门冬属百合科）的叶状枝（cladophyll）容易得到有活力的叶肉细胞，从博落回（Macleaya cordata，博落回属，罂粟科）叶片也可以。这些细胞能用悬浮或固体培养生长并诱发其形态发生（包括体细胞胚的形成）。把红薯（sweet potato）幼嫩的一块子叶放在装水的磨砂玻璃管中，使管中水起旋涡（vortex），然后去掉残渣、碎屑就成为细胞悬浮培养液，再将这些细胞在有营养成分的琼脂培养基上做平板培养（plate culture），生长而形成愈伤。

不过这种用机械方法直接从高等植物中分离出单个细胞的能力是有限的。能否分离细胞成功并能生长似与所用组织类型有着重要的关系。一个很有说服力的例子就是上述红薯的例子，如用叶片组织代替子叶，则所分离的细胞不能生长。此外，用机械法从其他几种植物来分离细胞也是不可能的。

（2）酶法分离借助酶制剂如粗制果胶酶（pectinase）或多聚半乳糖醛酸酶（polygalacturonase）处理植物组织也能得到分离的细胞，因这些酶可松动细胞与细胞间相互附着力。Zaitlin于1959年首次用此技术从烟叶中得到有活力的细胞。此后，Takebe等（1968）、Servaites和Ogren（1977）以及Dow和Callow（1979）等人都对此法有所描述。用此法分离的细胞能用悬浮培养并保持代谢活力。

从感染TMV的烟叶制备分离的细胞曾被用来研究病毒RNA在感病细胞中的形成；研究叶组织细胞与真菌病原产生的化学激发子（elicitor chemicals）之间的互作。Button和Botha（1975）用2%～3%的离析酶（Macerase enzyme）将柑属（Citrus）愈伤团块解离形成单细胞悬浮培养，而且悬浮培养物的细胞分散程度也可用加此酶的方法改进（Street，1977）。

3.原生质体

一个原生质体是一个植物细胞去掉细胞壁，仅留下有生命的细胞质和核所组成的。从整个植物的器官或组织培养物都能分离到原生质体，如将它们放在一个合适且有营养的培养基上，能被诱导再形成细胞壁和具分裂活性。但若最初原生质体是以相当低的密度做平板培养，那么一小簇细胞最终会从每个单细胞长出，而且会识别出很多一个个分离开的愈伤集落。可见，原生质体培养也为植物扩繁提供了一种途径。虽然用此法使植物再生的植物种类数一直在增加，但仍然尚未成为快繁的常规方法。

现阶段原生质体培养主要用于研究植物病毒侵染和插入选择好的 DNA 片段研究细胞遗传信息的改变。也可用原生质融合方法创育细胞杂种（plant cell hybrids）。如能从这种细胞再生出具有新的遗传素质（genetic constitution）的整株植物则遗传性被修饰的细胞将具有广泛的实用价值。因此，从原生质体培养能复原成植物体的能力对于植物科学领域中的这类基因工程课题的成功是非常重要和关键的。

（1）原生质体的制备方法有几种方法：①用机械法切（cutting）或破，以打开细胞壁；②用酶将细胞壁消解掉；③机械法和酶法相结合。

已发现成功地分离原生质体最关键的是要使它收缩远离细胞壁，否则当细胞膨胀时原生质体和壁紧紧地压粘在一起。用盐溶液如 KCL 和 $MgSO_4$ 或用糖或糖醇（特别是甘露糖醇）处理使细胞质壁分离（plasmolysing，plasmolysis），则原生质体收缩。必须有足够高浓度的渗透调节物（osmotica）（又称渗压剂或渗透剂）使原生质收缩，如浓度不够高反而会造成细胞损伤。

过去用机械方法从植物材料部分片段分离制备原生质体，只能得到很少量完整而不受到损伤的；因此这种方法几乎完全被酶法所替代。用于原生质体分离的商品酶制剂常是来源于细菌和真菌的酶混合体，它们有果胶酶、纤维素酶和/或半纤维素酶活性。通常用几种不同的商品制剂结合起来使用。质壁分离法不仅可在机械法破碎细胞壁时对原生质体有保护作用，而且还可使细胞对酶分解细胞壁时所产生的毒害效应有更强的抗性。再者，它还能切断联结附近细胞的胞间连丝（plasmodesmata）从而避免当细胞壁被完全分解掉后发生原生质的混合（amalgamation）。

来自整体植株，用于制备原生质体的组织首先要做表面消毒。为了使高渗透压溶液能穿透组织并有利于酶分解细胞壁，还应做些进一步的准备工作。例如，要分离叶肉细胞的原生质体，应首先把叶表皮撕掉，或将叶片切成小条状，然后进行质壁分离。将组织与果胶酶和纤维素酶在同一渗透剂溶液中保温18h，在此期间细胞壁被降解。之后振荡保温的培养基使原生质体释放出来。

先在渗透压合适的溶液中洗涤和分离，然后转接至培养基上。

假若植物组织先用轻微机械处理使均化（homogenisation），然后用纤维素酶处理，则细胞的酶解反应会较温和但时间较长。另一种方法是依次酶解，先是用果胶酶把细胞分开，完满结束后，再用纤维素酶分解细胞壁。有时想增加有活性的原生质体产量，可在细胞分开前将组织用生长物质做预处理。还有一个常用的方法来分离原生质体，即用酶来处理体外培养的组织和器官。悬浮培养的细胞常需继代培养使细胞分裂很快，也是一种细胞的良好来源。

成功地分离出有细胞分裂和生长能力活性的原生质体取决于其母株生长状态，如Durand（1979）发现能始终如一地成功地从Ⅳicotiana sylvestris（野生烟）单倍体植株（haploid plants）分离到原生质体，正是由于这些植株在体外培养能一批一批地繁殖出年幼植株，而且培养这些植物所用培养基的成分对原生质体的产量及其分裂能力有着惊人的影响。不加维生素的低盐培养基使用效果很差。植物生长时光强度也是关键的。

（2）原生质体的培养分离的植物原生质体是非常脆弱的，易遭受物理或化学性的损伤。为此，如将它们悬浮在液体培养基中，千万不要扰动，在分离过程中所用高渗透压培养基，此时必须暂时维持。通常原生质体培养在装有很浅液体或固体培养基的容器内，因它们的生长需要通气，需要相当高的平板接种密度（$5 \times 10^4 \sim 10^5$原生质体/mL）（platingdensity）。很可能是因为这种已无细胞壁保护的细胞很易渗漏出其内源化合物，为了促其生长给培养基补充一些化合物和生长因子也是有益的，这些补充物在培养完整细胞时一般是不需要的。

植物原生质体的分裂能力似与其形成细胞壁的能力密切相关。最初形成的细胞壁类型受培养基某种程度的控制。例如，烟叶肉原生质体如培养在相对高盐浓度培养基，会产生不坚硬的壁。这种细胞虽也能分裂2~3次，但却不能进行进一步的分裂，除非更换培养基，诱导形成坚硬的外壁。在有利环境条件下，只要将水解酶去除，原生质体很快即形成细胞壁。大约在培养基中16h就能首先检测到纤维素沉积的迹象。一旦细胞壁开始形成，渗压剂浓度就要降低到适于生长的程度。这在一个液体培养基中是很容易达到的，但对于在固体培养基上做平板培养就要将带有细胞的琼脂块转至另一个底物上。

当胞壁已形成时再生出的植物细胞的体积一般都会增大，而且可分裂3~5天。若细胞进一步再分裂则每个原生质体会生出一组完整细胞，然后形成一个小愈伤集落。来自叶肉的原生质体所形成的细胞会出现叶绿体（chloroplasts），随着愈伤不断形成，绿色叶绿体会解体（lose their integrity）并消失。起源于完整植物细胞的原生质体其遗传组成（genetic composition）并非都相同。这种细胞如生长在液体培养基中，会黏附在一起形成共有的细胞壁，而形成混合型的愈伤集落。最后长出包含各种不同遗传性的植物称为植物嵌合体（plant chimeras）。

原生质体应当以尽可能低的密度来培养，使能无阻力地分散开避免细胞聚集，这就意味着像以低密度培养完整细胞那样要采用保育组织（nurse tissue）或条件培养基或补料培养基。Kirby和Cheng（1979）采用一个有结构的支架（fabric support）来悬浮原生质体在液体培养基中，这样更换培养基就会变得很容易。

早在1971年，首次从起源于原生质体的愈伤中再生出完整植株。自此以后，利用间接茎枝形态发生或间接胚发生已从广泛的植物种的原生质体中再生出植株。从培养的原生质体直接形成体细胞胚也是可能的了。

（3）原生质体的融合虽然许多年前就观察到植物原生质体融合（protoplast fusion），但只有在原生质体分离和再生出完整植株被研发成功后，它的意义就变得特别重要了。分离出来的原生质体一般不会融合，因为它们的表面均带负电荷会造成彼此排斥。已发现各种方法可诱导其融合，但最成功的是如下两种：

①在高浓度Ca^{2+}和pH8～10的条件下，添加聚乙二醇（polyethylene glycol，PEG）；

②用直流电做短脉冲（short pulses）处理，即电融合（electrofusion）。

来源于两个不同植物种或不同植物属的原生质体混合起来就能完成融合，有以下融合类型：

a. 同一植株的原生质体融合，两个细胞核融合形成同核体（homokaryon）或称融核体（synkaryon）；

b. 同种植物原生质体融合称种内或品种内融合（intraspecific or intravarietal fusion）；

c. 不同植物种或属原生质体的融合称种间或属间融合（interspecific or intergeneric fusion）。

上述b. 和c. 类型可形成遗传杂种，称为异核细胞（heterokaryocytes），以前通过有性杂交获得这种细胞是罕见的。先将融合的杂种细胞（hybrid cell）与混合的原生质体群体分开，然后去培养，或设计一种方法，即一旦它们开始生长就能识别出从融合细胞长出来的细胞，这样就能再生出新的体细胞杂种（somatic hybrid）植物（与有性杂种植物是完全不同的）。用此法已得到一些种间和属间杂种。把一种植物的细胞质与另一种植物的核融合也是可能的。这种胞质杂种植物（cybrid plants）在为转移细胞质基因的植物育种计划中是有用的。

三、植物组织培养的特点和优越性

（一）植物组织培养的特点

植物组织培养的主要特点是采用微生物学的实验手段来操作植物离体的器官、组织和细胞。这一特点具体表现为：①组织培养的主要过程都是在无菌条件下（尽管目前有一些有菌条件下的研究）进行的，外植体、培养基、接种环境都须经过无菌处理。②组织培养多数情况下是利用成分完全确定的人工培养基进行的，除少数特殊情况（如营养缺陷型突变细胞的筛选）外，培养基中包含了植物生长所需的水分、无机成分[inorganic compound，包括大量元素（macronutrient）和微量元素（micronutrient）]、有机成分（organic compouncl）和植物激素（phytohormone）。培养基的pH和渗透压（osmotic pressure）也是人为设定的。因此，组织培养中的植物材料不需依靠自身的光合作用（photosynthesis）制造养分，而是处于完全的异养（heterotrophism）状态。③组织培养的起始材料可以是植物的器官、组织，也可以是单个细胞，它们都处于离体状态下。细胞的全能性不仅表现在二倍体（diploid）细胞水平上，也表现在单倍体（monoploid，haploid）细胞[如小孢子（microspore）]和三倍体（triploid）细胞[如胚乳（endosperm）]水平上，即使是去掉了细胞壁的细胞（原生质体），在组织培养条件下也能再生完整植株。[1]④组织培养物通过连续继代培养可以不断增殖，形成克隆（clone，也称无性繁殖系），或通过改变培养基成分，特别是其中的植物激素种类和配比，可达到不同的实验目的，如茎芽增殖或生根。⑤组织培养是在封闭的容器中进行的。容器内气体和环境气体通过封口材料可以进行交换。容器内的相对湿度通常情况下几乎是100%。因此，组培苗（plantlet）叶片表面一般都缺乏角质层（stratum corneum）或蜡质层（wax coat），且气孔（stomata）保卫细胞（guard cell）不具正常功能，始终都是张开的。⑥组织培养的环境温度、光照强度和时间等都是人为设定的，找出这些物理因素的最适参数对于组织培养的成功也很重要。

（二）植物组织培养的优越性

由于是利用可控制环境对离体植物外植体进行培养和繁殖，与田间植株繁殖技术相比较，植物组织培养的优越性表现为以下几个方面。

---

[1] 樊亚敏.浅谈植物组织培养的发展与应用 [J].吉林农业，2013（3）.

1.培养条件可以人为控制

组织培养采用的植物材料完全是在人为提供的培养基和小气候环境条件下进行生长，摆脱了大自然中四季、昼夜的变化以及灾害性气候的不利影响，且条件均一，对植物生长极为有利，便于稳定地进行周年培养生产。

2.生长周期短，繁殖率高

植物组织培养是由于人为控制培养条件，根据不同植物不同部位的不同要求而提供不同的培养条件，因而生长较快。另外，植株也比较小，往往20—30d为一个周期。所以，虽然植物组织培养需要一定设备及能源消耗，但由于植物材料能按几何级数繁殖生产，故总体来说成本低廉，且能及时提供规格一致的优质种苗或脱病毒种苗。

3.管理方便，利于工厂化生产和自动化控制

植物组织培养是在一定的场所和环境下，人为提供一定的温度、光照、湿度、营养、激素等条件，极利于高度集约化和高密度工厂化生产，也利于自动化控制生产。[1]它是未来农业工厂化育苗的发展方向。它与盆栽、田间栽培等相比省去了中耕除草、浇水施肥、防治病虫害等一系列繁杂劳动，可以大大节省人力、物力及田间种植所需要的土地。

第二节　植物组织培养的生理依据

一、植物细胞全能性

植物组织培养是以细胞全能性作为理论依据的。植物细胞全能性是指植物体的任何一个细胞都携带有该物种的全部遗传信息，离体细胞在一定的条件下具有发育成完整植株的潜在能力。

植物体所有的活细胞都是由细胞分裂产生的，每个细胞都包含着整套遗传基因。在自然状态下，分化了的雌、雄配子经过受精作用形成受精卵，受精卵经过一系列的分裂形成具有分化能力的细胞团，并再次发生分化，形成各种组织、器官，最后发育成具有完整形态、结构、机能的植株。

完整植株每个活细胞虽然都保持着潜在的全能性，但受到所在环境的束缚而相对稳定，只表现出一定的形态及生理功能。但其遗传全能性的潜

---

[1] 郝玉华.我国植物组织培养的发展现状与前景展望 [J].江苏农业科学，2008（8）.

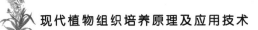

力并没有丧失，一旦它们脱离原来所在的器官或组织，不再受到原植株的控制，在一定的营养、生长调节物质和外界条件的作用下，就可能恢复其全能性，细胞开始分裂增殖、产生愈伤组织，继而分化出器官，并再生形成完整植株。

二、植物细胞全能性的实现

植物细胞全能性只是细胞的一种潜在能力，不一定都能进行全能性的表达，只有在一定条件下才能表达出其全能性。在多数情况下，一个成熟细胞要表现它的全能性，要经历脱分化和再分化两个阶段。首先，成熟细胞脱分化恢复到分生状态，形成愈伤组织，其次，进入再分化阶段，由愈伤组织分化形成完整植株。也有的植物在培养过程中由分生组织直接分生芽，而不需经历愈伤组织的中间形式。

（一）脱分化

脱分化又叫去分化，是指在一定条件下，已分化成熟细胞或静止细胞脱离原状态而恢复到分生状态的过程。细胞脱分化的结果，往往经细胞分裂产生无分化的细胞团或愈伤组织；但有的细胞不需经细胞分裂而只是本身恢复分生状态。愈伤组织是一团无定形、高度液泡化、具有分生能力而无特定功能的薄壁组织。恢复分生能力的植物细胞体内的溶酶体将失去功能的细胞质组分降解，并合成新细胞组分，同时细胞内酶的种类与活性发生改变，细胞的性质和状态发生了扭转，转入分生状态恢复原有分裂能力。

（二）再分化

再分化是指在一定的条件下，经脱分化细胞分裂产生的细胞团、愈伤组织或该细胞本身再次开始新的分化发育进程，转变成为具有一定结构、执行一定生理功能的组织、器官或胚状体等，并进一步形成完整植株的过程。

愈伤组织中的细胞常以无规则方式发生分裂，此时虽然也发生了细胞分化，形成了薄壁细胞、分生组织细胞、导管和管胞等不同类型的细胞，但并无器官发生，只有在适当的培养条件下，愈伤组织才可发生再分化形成完整植株。培养物形态发生或植株再生途径有器官发生和体细胞胚胎发生两种，即经脱分化细胞分裂产生的细胞团、愈伤组织或该细胞本身的再分化有器官发生和体细胞胚胎发生两种不同的发育途径如图1-8所示。

图1-8　植物细胞全能性及其实现过程示意图

1.器官发生

器官发生是指在自然生长或离体培养条件下形成根、芽、茎、枝条、花等器官的过程，分为直接器官发生和间接器官发生两种。直接器官发生是指直接从腋芽、茎尖、茎段、原球茎、鳞茎、叶柄、叶片等外植体上进行的器官发生。间接器官发生则先经历一个脱分化形成愈伤组织，然后诱导再分化才能进行器官发生。器官原基一般起始于一个细胞或一小团分化的细胞，经分裂后形成拟分生组织，然后进一步分化形成芽和根等器官原基。多数植物是先形成芽，芽伸长后在其基部长出根，形成完整小植株。

2.体细胞胚胎发生

体细胞胚胎发生是指在离体培养条件下，由一个非合子细胞（性细胞或体细胞）经过胚胎发生和胚胎发育过程形成的具有双极性的类似胚的结构（即体细胞胚或称胚状体），并进一步发育成完整植株的过程，也可分为直接体细胞胚胎发生和间接体细胞胚胎发生。直接体细胞胚胎发生就是从外植体某些部位直接诱导分化出体细胞胚。间接体细胞胚胎发生是指在固体培养中外植体先脱分化形成愈伤组织或在细胞悬浮培养中先产生胚性细胞团等，再从其中的某些细胞分化出体细胞胚。体细胞胚胎具有双极性，即茎端和根端，其发育过程与受精卵发育成胚的过程极其相似，在适宜的条件下可先后经过原胚、球形胚、心形胚、鱼雷形胚和子叶胚5个时期，然后发育成再生植株。

在脱分化和再分化过程中，细胞的全能性得以表达。当然，不同植物、不同组织器官、不同细胞间全能性的表达难易程度会有所不同，这主要取决于细胞所处的发育状态和生理状态。组织培养的主要工作就是设计和筛选适当的培养基，探讨和建立适宜的培养条件，促使植物细胞、组织完成脱分化和再分化。

第三节　植物组织培养在农业生产中的应用

植物的组织培养已发展成为生物科学的一个广阔领域，是生物技术的重要组成部分，植物组织培养既是植物细胞工程的技术基础，又是植物快速繁殖和脱毒的重要技术，这项技术已在科学研究和生产上开辟了多个新领域，在农业、林业、工业、医药等行业中得到了广泛的应用，成为举世瞩目的生物技术之一。在发展和应用这一技术上，各国都竞相投资，已在快速繁殖、去除病毒、加速育种进程、次生代谢产物生产等方面取得了巨

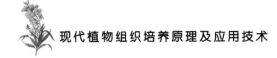

大的经济效益、社会效益及生态效益。

一、植物的快速繁殖

植物的快速繁殖是利用组织培养技术，快速繁殖"名、优、特、新、稀"等品种，使其在短时间内获得大量植株。[1]植物快速繁殖的突出优点是繁殖速度快、植物材料来源单一、遗传背景一致，并且繁殖不受季节和地域等条件限制，具有良好的重复性等。快速繁殖的植株能保持母本的生物特性和遗传性状，并可在短期内种植于田间，利用这项技术可以使一个单株一年繁殖几万到几百万个植株。例如一株葡萄一年可以繁殖3万多株；一株兰花一年可繁殖400万株；草莓的一个顶芽一年可繁殖108个芽。因此，利用植物组织培养快繁技术可加速植物新品种的推广速度。

植物组培快繁技术是在农业生产上应用最广泛和产生较大经济效益的一项技术。据统计，全球植物组培苗的年产量1989年达2.5亿株，1991年猛增到5.13亿株，现在已超过10亿株。例如美国的Wyford国际公司设有4个组培室，研究和培育出的新品种达1 000余个，年产观赏花卉、蔬菜、果树及林木等组培苗3 000万株；以色列的Benzur年产观赏组织组培苗800万株；印度Harrisons Malayalam有限公司年产观赏组织组培苗400万株。自20世纪80年代开始，植物组培快繁技术在我国农业生产中得到了广泛的应用，到目前为止已报道有上千种植物的快速繁殖获得成功，包括观赏植物、蔬菜、果树、大田作物及其他经济作物等，初步统计仅观赏植物就涉及182种以上，分属58科，124属。

二、植物脱毒苗的培养

植物在生长过程中，由于受到各种植物病毒的侵染而严重影响植物的产量和品质，尤其是靠无性繁殖的植物，如马铃薯、甘薯、草莓、香蕉、菊芋、菊花、月季、康乃馨等。由于病毒是通过维管束传导的，植物一旦遭受病毒侵染，则代代相传，病害呈加重的趋势，严重影响植物的产量和品质，给生产带来严重的损失。

White（1943）研究发现植物生长点附近组织细胞的植物病毒浓度很低，甚至没有；Morel（1952）采用茎尖培养方法脱除大丽花体内的植物病

---

[1] 周权男，张慧君.植物组织培养在农业生产中的应用研究 [J]. 北方园艺，2014（7）.

毒获得成功。随着植物组织培养技术的发展和完善，脱毒培养已成为解决植物病毒危害的主要方法。由于植物茎尖生长点尚未分化成维管束，所以其附近可能不带病毒或病毒浓度很低。利用茎尖进行分生组织培养，其再生植株就可能脱除病毒，获得脱毒苗。利用植物组培技术可以有效除去植物病毒，使植物复壮、恢复种性，提高产量和质量。目前这种脱毒的方法已广泛应用在马铃薯、大蒜、香蕉、葡萄、草莓、甘蔗、苹果、兰花、菊花和康乃馨等植物无毒苗的生产，产生了巨大的经济效益。

三、培育植物新品种

应用植物组培快繁技术，可以加速育种进程，培育新品种或创制自然界中的新物种，为植物育种提供了更多和更有效的手段和方法，使植物育种工作在新的条件下更有效地开展，并在以下几个方面取得了较大的成就。

（一）单倍体育种

单倍体育种可以通过花粉或花粉离体培养获得，不仅可以在短时间内获得纯的品系，更便于对隐性突变进行分离。与常规育种方法相比，基因型可快速纯合，可以在短时间内得到作物的纯系，从而大大地缩短育种年限，加快育种进程，节约人力、物力。据不完全统计，自1974年我国科学家通过花药培育成世界作物新品种——烟草单育1号，目前我国用花药或花粉培育出的植物已超过22科52属160个种，尤其在水稻、小麦、烟草、辣椒和大白菜等植物的育种中处于领先地位，并培育出水稻"中花1号"，小麦"京花1号""花培1号"，辣椒"海花1号"等著名品种。

单倍体自然发生的频率很低，且生活力弱、高度不孕，因此必须经过人为的控制才能发挥其优点，克服其缺点，使之成为一种快速育种的途径。在人工培养条件下，诱导花药或花粉使之长出单倍体植株，称作花药培养（anther culture）或花粉培养（pollen culture）。单倍体植株再经染色体加倍形成正常的二倍体，并从中选出优良个体培育成新品种的方法，称为单倍体育种。

单倍体育种的意义如下。

（1）控制杂种分离，缩短育种年限常规杂交育种时，要获得一个稳定的作物品系，通常要4~6年，甚至更长的时间，如果将杂种一代（F1）和杂种二代（F2）的花药培育成单倍体植物，再使染色体加倍，就可以得到纯合的二倍体。从杂交算起，只需3~4年就可以得到稳定而不分离的品系，大大缩短育种年限。

（2）提高获得纯合材料的效率假定只有两对基因差别的父母本进行杂

交，其F2代出现纯显性个体的概率是1/16；而用杂种F代的花药离体培养，加倍成纯合二倍体后，其纯显性个体出现的概率是1/4，后者与前者相比，获得纯显性材料的效率提高4倍。目前，由于花药诱导率很低，实际上还达不到上述预期效果。

（3）通过单倍体植株可快速获得自交系在杂种优势的利用中，自交系的培育一般要6年以上时间，进行连续的人工自交，花费大量人力、物力，而且手续十分烦琐。如采用花药培养的途径，再经染色体加倍，只需一二年的时间便可得到标准的纯系，大大减少了工作量，缩短了选育年限。

（4）与诱变育种相结合，可以加快育种的进程对植株、种子等进行诱变时，产生的隐性突变由于显性基因的掩盖，在处理当代不能表现出来。为了使这些隐性突变不被淘汰，处理当代的种子要全部留下，连续播种，工作量比较大。然而单倍体不存在显性、隐性干扰和性状掩盖问题，基因型可以完全表现出来。因此，单倍体育种与诱变育种结合起来，可以加速育种进程。

（5）克服远缘杂种不育性与分离的困难远缘杂种存在不育性，但不是全部不育，一般总有少数花粉是有活力的。通过花粉的人工培养，可使有生活力的花粉培养成单倍体植株。

（二）培育远缘杂种

受精后障碍导致远缘杂交的植物不孕，使得植物的种间和远缘杂交常难以成功。采用胚的早期离体培养可以使杂种胚正常发育，产生远缘杂交后代，从而育成新物种。在远缘杂交中，杂交后形成的胚珠往往在未成熟状态下就停止生长，不能形成有生活力的种子，导致杂交不孕，这使得植物的种间或种以上的远缘杂交难以成功。采用胚、子房、胚珠培养和试管授精等手段，可以使自然条件下早夭的杂交胚正常发育，产生远缘杂交后代，从而育成新品种。如苹果和梨杂交种、大白菜与甘蓝杂交种等，目前已在50多个科属中获得成功。利用胚乳培养可获得三倍体植株，再经过染色体加倍获得六倍体，进而育成生长旺盛、果实大的多倍体植株。此外通过胚状体的产生，可以进行人工种子繁育。

（三）体细胞杂交

体细胞杂交是打破物种间生殖隔离，实现其有益基因的种间交流，改良植物品种，创造新物种或优良品种的有效途径。通过原生质体的融合，可以克服有性杂交不亲和性，从而获得体细胞杂种，创制出新物种或新类型，这是组织培养应用很诱人的一个方面。目前已获得40余个种间、属间甚至科间的体细胞杂种植株或愈伤组织，如已获得番茄和马铃薯、烟草和龙葵、芥菜等属间杂种，但这些杂种尚无实际应用价值。随着原生质体融合、选择、培养技术的不断成熟和发展，今后可望获得更多有一定应用价值的经济作物的体细胞杂种及新品种。

（四）筛选细胞突变体

离体培养的细胞处于不断分裂状态，易受培养条件和外界物理因素（紫外线、X射线、丫射线）和化学诱变剂的影响而发生变异，人们可以从中筛选出有用的突变体，进而育成新品种。20世纪70年代以来，人们已诱变筛选出大量的植物抗病虫、抗盐、耐寒、耐盐、高赖氨酸、高蛋白质和抗除草剂等突变体，有的已培育成新品种，并用于生产。

（五）基因工程育种

植物基因工程是利用重组DNA技术、细胞组织培养等技术，将外源基因导入植物细胞或组织，使遗传物质定向重组，从而获得转基因植物的技术，该技术解决了植物育种中用常规杂交方法所不能解决的问题，克服了植物育种中的盲目性，提高了育种的预见性，已成功应用于植物抗病、抗虫、抗逆和品质改良等方面。基因工程虽不直接属于植物组织快繁技术的内容，但与组织培养关系密不可分，植物组织培养既是基因工程的基础，又是遗传转化获得的植物种质新材料推广应用的桥梁，在基因表达及其调控的研究上也需要组织培养技术。

四、生产次生代谢物

植物几乎能生产人类所需要的一切天然化合物。这些物质中有些是生物体的生长、繁殖不可缺少的具有重要生理意义的基本成分。例如氨基酸、蛋白质、核苷酸、DNA、RNA、糖类、脂质、乙酰辅酶A、莽草酸等，称为初级代谢物。而有些物质在生物体的生长、繁殖中并不是不可缺少的，而是在特定的条件下，在某些生物体的某些组织、器官或细胞中产生的。例如色素、香精、药物、某些酶和多肽等，称为次级代谢物（或次生代谢物）。

植物细胞产生的次级代谢物多种多样，按照用途主要可以分为色素、香精、药物和酶等；按照分子结构主要包括生物碱、类黄酮、香豆素、蒽醌、萜类、甾体、蛋白质和多肽等化合物。多年来人们一直从各种植物中提取用于工业、医药生产的次生代谢物。但由于资源匮乏和人类需求增加以及植物生长缓慢等诸多原因，导致植物天然产物供不应求，价格昂贵。这使得利用植物组织或细胞的大规模培养技术来生产这些有价值的产品具有十分重要的意义。利用细胞培养可以生产出蛋白质、糖类、药物、香料、生物碱、色素及其他活性物质等天然化合物。目前已经在人参、紫杉、紫草和高山红景天等多种植物中获得成功。次生代谢物的生产主要集中在制药工业中一些价格高、产量低、需求量大和具有一些特定功能、对人类有重要的影响和作用的化合物上。据报道，当前除利用组培快繁技术进行药物（如人参、三七、丹参、紫草贝、甘草、金线莲等）工厂化生产外，细胞及组织培养技术也广泛用于奇缺药物等次生代谢物的生产，如紫杉醇、黄酮类等具有良好抗癌作用的药物，通常是从天然或人工栽培的植物（如银杏、红豆杉等）中分离提取，提取时不仅常常要破坏植株，而且常受生产原料的制约，因此，紫杉醇、黄酮类的生产受到了极大的限制。而利用细胞培养技术可进行大规模的工厂化生产，从愈伤组织或细胞中分离提取紫杉醇或黄酮类物质，这一途径因不需要再生植株和栽培植株，因而解决了生产原料的问题，而且该技术提取工艺简单、快速，产量也高。此外，植物中的天然色素、芳香原料、生物碱等次生物质也可用细胞悬浮培养来生产。

第二章
植物组织培养的原理分析

第一节　植物细胞分化

一、管胞的形成

愈伤培养物含管胞的可能性比其他任何一种分化的细胞要大。形成管胞的比例取决于培养物来源的植物种，尤其与培养基中所加糖和生长调节剂的种类有关。管胞形成代表着茎枝分生组织发育早期或与之有关。例如，天竺葵（Pelargonium）愈伤中有含木质部（xylem）成分的小结节，当将愈伤转至不含生长素（auxin）的培养基上时，小结节即可发育成茎枝。

当将组织转至营养培养基上时，外植体周边形成的分生组织会开始迅速的细胞分裂。在此时期，愈伤不会发生细胞分化，只有在组织深层形成细胞分裂中心区替代了周边的分生组织时，细胞分化才能开始。这些内部中心区，一般都是些分生组织结状物（meristematic nodules），进一步分裂产生非分化细胞并长大（即愈伤的生长），其中有些细胞也会分化成木质部和韧皮部的成分。结状物会形成原初的维管束（primitive vascular boundles），中心部出现木质部，周边形成的是韧皮部，两者间被分生组织区隔开[即形成层（cambium）]。

二、叶绿体的分化

培养的植物细胞中形成并保留绿色叶绿体代表另一种形式的细胞分化，容易检测并已做了大量研究。当将来自完整植物的含叶绿体的细胞转至营养培养基后，它们开始脱分化（dedifferentiated）。细胞在分裂时脱分化仍在继续，结果含叶绿素的膜结构丧失（即类囊体消失），堆叠成的叶绿体基粒（grana）也不见了，却积累了含脂肪的小球体（globules），最终，叶绿体形状改变并退化。

愈伤细胞通常是不含叶绿体而只含淀粉粒的质体（plastids），其中明显可见有稍微发育成的片层结构（lamellar system）。尽管如此，发现很多愈伤在连续光照下都会变绿，大多数细胞含叶绿体。此时，叶绿体的形成与愈伤有能力进行形态发生相关。有时候从愈伤上的绿点长出新枝条。如将有绿点区域的愈伤继代培养有时能获得有高度形态发生能力的组织。细胞聚集也有利于叶绿体的形成及其不断地完整。如果绿色愈伤用作制备悬浮培养，则其叶绿体数目及其分化程度会减低。不过，在分批培养的静止期叶绿素含量会有所增加。

就同一植物种而言，组培中的叶绿素含量大大低于整株叶肉细胞中的含量，而且将培养的细胞曝光后叶绿素的形成速率将大大低于黄化的有结构组织（etiolated organised tissue）。培养物的绿化（变绿，greening）是难以预测的，甚至在一个个细胞内常发现叶绿体发育程度有一个浮动范围。培养容器内有一定浓度的CO_2，所以一般情况下，绿色愈伤组织是光混合营养的（photomixotrophic，也就是说叶绿体能固定细胞所需的部分CO_2），而生长还部分地依赖培养基中的蔗糖（Vasil和Hildebrandt，1966）。不过也从几种不同的植物种得到过绿的光自养的愈伤培养物（green photoautotrophic callus culture），如将它们放在高浓度CO_2（1%~5%）下生长，同时培养基中不加C源，即仅靠光合作用来同化碳也能使干重增加。

光自养型的细胞悬浮培养也已得到过。一般情况下，它们也需要高CO_2浓度，但也从某些植物中分离到能在周围的CO_2浓度下生长的细胞系。为什么培养的细胞不能不受限制地充分发育成有功能的叶绿体目前尚不完全清楚。

第二节 植物体细胞胚胎发生

一、植物的胚发生

在开始讨论体细胞胚发生问题前对一些感兴趣的植物种的胚胎学有一些基本知识是很关键的。植物的胚发生是从受精卵的接合子（zygote）开始的，并经一个有定型程序的（stereotyped sequence）特征性阶段而完成。虽然种子萌发后植物在形态发生方面会产生相当大的变化，可是在胚胎期（embryonic phase）却最为关键，因为它有特化的分生组织（meristems）和特定的茎-根主体样结构。被子植物（angiosperms）和裸子植物（gymnosperms）的分开约在3亿年前，它们的胚胎学在很多方面是不同的，本章仅对一种被子植物拟南芥（Arabidopsis）和一种裸子植物松树（Pinus）做扼要描述（见图2-1）。

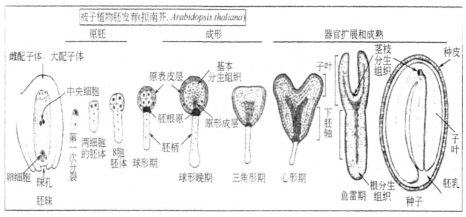

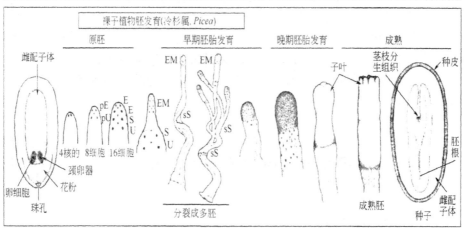

图2-1 被子植物（拟南芥）和裸子植物（冷杉属）胚胎发育

（根据Goldberg等，1994；Giffort和Foster，1987）

EP: embryo proper，胚体；S: suspensor tier，胚柄层；early embryogeny，早期胚胎发育；pU: primary upper tier，原发上层；U: upper tier，上层；late embryogeny，晚期胚胎发育；pE: primary embryonal tier，原发胚层；EM：embryonal mass，胚团块；proembryony，原胚 E: embryonal tier，胚层；sS: secondary suspensor，次生胚柄；protoderm，原表皮层；ground meristem，基本分生组织；hypophysis，胚根原；globular，球形期；torpedo，鱼雷期；endosperm，胚乳

（一）受精

被子植物特点之一是双受精过程（process ofdouble fertilization），有两个雄性配子体（malegametes）参与融合（fusion）：一个与卵细胞结合

形成两倍体的接合子（diploid zygote）发育成胚，同时另一配子体与胚囊（embryosac）的中央细胞融合，发育成三倍体胚乳（triploid endosperm）。卵细胞（egg cell）是被极化的（polarized）。[1]合点极（chalazal pole，指珠孔对面一端即珠被珠心和珠柄愈合部位）是一个有核而且细胞质丰富的极，但珠孔极则是高度空胞化的（highly vacuolated）。细胞质内的微管细胞骨架（microtubular cytoskeleton）和肌动蛋白微丝（actin microfilaments）所在位置也是极化的。虽然有些植物种的胞质遗传是单亲的（uniparental）、父本的（paternal）或是双亲的（biparental），但在被子植物中主要是母本遗传（maternally inheritance）。被子植物接合子有代表性的是在精卵核融合（karyogamy）后有短暂的静止休眠期（briefly quiescent）。胚乳开始是多核体（或称合胞体的，syncytial），之后即呈细胞状胚乳，大多数植物分类群落都是如此。胚乳在胚营养方面起作用，因为它能积累储存淀粉蛋白质和脂肪。遗传分析认为，母本组织和胚乳组织可相互调节其发育。

　　裸子植物是单受精，只有较大的雄配子体（larger male gamete）移动穿过卵细胞质与卵细胞中央的卵细胞核融合，而较小的雄配子体则退化掉。接合子四周由新组成的细胞质所包围，它们的大部分是卵细胞和雄配子体的核质（nucleoplasm），还有些雄配子体的细胞质。在裸子植物中有典型特色的是细胞质遗传的双亲特性（biparental character），即父本的（paternal）叶绿体遗传和母本（maternal）的线粒体遗传。雌性配子体（megagametophyte）来自大孢子（megaspore），在受精前就发育了。其初期发育特点是进行系列的大量的无细胞核分裂（cellfree nuclear division），之后从周边开始形成细胞壁，并逐步向中央推进直至整个雌性配子体都形成细胞。在胚开始分化时雌配子体细胞就积累储存淀粉、蛋白质和脂肪。在发育早期阶段，胚是通过胚柄（suspensor）由卵细胞质滋养的，只是到后期才吸取雌性配子体细胞营养。不过，大量的储存物还是由雌性配子体保存用于胚的萌发。

（二）胚发育的各阶段

　　被子植物胚发育可分成两个主要阶段：
　　（1）胚发生这里所指的胚发生是狭义的（sensu stricto），非全过程，仅指从接合子开始至子叶阶段结束。其间的发育要经过球形期（globular）、

---

[1] 葛丽丽 . 被子植物受精机制的研究进展 [J]. 植物生理与分子生物学学报，2006（6）.

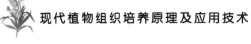

心形期（heart）、鱼雷期（torpedo）、子叶期（cotyledonary）。这些依序不同时期有三个主要事件发生：

①接合子不对称分裂，产生一个小的顶端细胞（a small apical cell）和一个大的基部细胞（alarge basal cell）。

②在球形期形成特殊的结构（specific pattern formation）。

③向子叶期过渡也正是根原基（root primordium）起始之际，接着是茎原基（shoot primordium）起动。此处所指是双子叶植物。

（2）胚成熟阶段接着是胚萌发。裸子植物胚发育顺序可分为以下三个阶段。

①胚柄延长前的各个时期即原胚发育阶段（proembryogeny）。

②早期胚胎发育（early emlxyogeny）阶段指胚柄伸长后，根分生组织建立之前的各时期。

③晚期胚胎发育（late embryogeny）阶段指进一步形成各种组织（hisf-ogenesis），包括根和茎分生组织的建立。

裸子植物这三个阶段相当上述被子植物的狭义胚发生阶段，接下来就是胚成熟期。

（三）接合子/原胚发育的不对称分裂

在被子植物，接合子在受精后几小时即开始分裂，此时它已呈现出高度极化的样子，出现细胞器和代谢产物的不均匀分布。接合子的这种细胞学和生理上的极性会影响子代细胞的超结构（ultrastructure）。它的首次细胞分裂几乎是毫无例外地总是不对称的、横向的（asymmetric and transverse），这样就将大的空泡化的基部细胞和小的、浓密细胞质的顶端细胞分隔开。胚的器官发生是从顶端细胞衍化而来，与基部细胞极少或根本无任何关系。这种不对称的第一次细胞分裂很可能是细胞核从细胞中央位移向周边的结果，也是胚发生发育途径起始期的一个重要特点。

在裸子植物有四种类型的原胚发育（proembryogeny），其中最常见的一种是针叶树型（conifer type），并被认为是裸子植物胚发育的一种基本方案（basalplan）。裸子植物胚发育的一个共同特点是有一个游离核阶段（the free nuclear stage），除双子叶植物 Paeonia（芍药属）外，在任何其他植物群落中未曾见到过。游离核的数目因植物种不同而异。针叶树型的原胚发育的代表有：Picea（冷杉属）和 Pinus（松属），在游离核阶段是 4 个核。当受精卵的核分裂成 2 个然后是 4 个时，游离核都在细胞质浓密区 [又称新细胞质（neocytoplasm），即受精后，合子核周围新形成的细胞质]，此时也正是原胚发育开启之际。这 4 个游离核排列在颈卵囊（archegonial sac）的合点端（chalazal end），呈同一层排列。分裂后，形成两层，每层 4 核，即原发胚层（primary embryonal tier）和原发上层（primary upper tier）。这两层的内部分裂又产生出四层，每层由 4 个细胞组成。下边两层是胚层（embryonal tier），上边两层是胚柄层（suspensor tier）。胚柄层细胞可延伸形成原发胚柄（primary suspensor）。这些细胞常是有功能障碍的（dysfunetional），但却能表现出某些分生组织的活性。最上边一层退化掉，上边胚层四个细胞延长，形成有功能的胚柄（embryonalsuspensor）；下边胚层的四个细胞形成胚团块（embryonal mass）。原胚期延续约一周。

（四）球形期/早期胚发育期中结构的形成

被子植物接合子的分裂一直到球形期都是可预测的。首先形成的应是由一团未分化细胞所组成的胚体（embryo proper），但很快胚体内部结构发生变化。幼嫩植物应有的组织体系开始发育。在胚体形成后有两个关键变化要发生：

（1）三个放射状的原基组织层（primordial tissue layers）特征、特性的确定。

（2）沿着顶端–基部主轴的各个分化区（differentiation），从中产生出胚的器官体系。

首先是早期球形胚细胞作平周性分裂（periclinal division）并分化形成原表皮层（protoderm）。表皮层的出现会限制细胞的扩张，而这是之后要进行的、各发育期所不可缺少的一步。这样胚体内细胞的分化结果产生出一个内原形成层（inner procambial layer）和基本分生组织细胞（ground meristem cells）的中间层。这三层组织的分化就在球形胚内确立了一个放射状主轴（radial axis）。

沿着具有顶端基部极性的主轴，可区分出三个主要部位：一个能产生茎枝分生组织和子叶的顶端区；一个中央区，包括下胚轴、胚根（radicle）和原始根冠（initials of the root cap）；一个基部区，相当于胚根区（hypophysis），该区可产生根分生组织的静止中心和中央根冠（quiescent center and central root cap）。

裸子植物在早期胚发育期间，较下边的胚层细胞分裂产生出一个胚团块（embryonal mass）。它的基部细胞继续分裂，主要是以横断面上（in a transverse plane）分裂并延伸最后形成一个粗的次生胚柄。没有细胞分裂的限制意味着即使表面层细胞不断地进行平周地（periclinally）和垂周地

（anticlinally）分裂，也不会造成原表皮层的分化。不过这个外边的细胞层也的确起着原表皮层（protoderm）的作用。棒状（club-shaped）的早期胚能迅速增大而将在雌配子体中溶蚀的空腔（corrosion cavity）填充上。

（五）根和茎枝分生组织的建立

双子叶植物种的根原基（root primordium）在胚结构形成末期出现。子叶特征性地总是从顶端的两侧功能域（two lateral domains）长出来。所以子叶一旦形成，使胚体呈心脏形，同时主轴上的下胚轴区也开始伸长。在此期间，独特性（有差别的）细胞分裂（differential cell division）和扩展引发形态发生的改变。在胚发生的晚期，从位于两个子叶间的主轴上部的细胞层形成茎分生组织。单子叶植物中根和茎分生组织的构成都是侧生方式而不是远轴末端的（lateral fashion rather than distally）。结果使成熟胚的轴与原胚轴并不相符合一致。茎分生组织以上的末端区扩展得厉害而形成盾片（scutellum）。裸子植物胚发育晚期正是其组织和器官发生的时期。该时期的早期根、茎顶端分生组织已有轮廓，植物主轴（axis）也已确定。根尖分生组织首先在靠胚中心部位作为根组织中心形成。茎分生组织起源于球形胚团块（globular embryonal mass）的远端，如与根组织中心比就显得相当近表面。子叶原基围着胚远端形成一个环状结构。在此时期原维管束组织（provascular tissue）和皮层（cortex）也分化出来。在松科（Pinaceae），原表皮层（protoderm）仅覆盖茎／下胚轴区域，但在其他裸子植物，它能覆盖胚整个表面。

（六）成熟

此时期显著的变化是发育程序从结构定形（pattern formation）转向储存物质的积累为年幼的孢子体（sporophyte）休眠和胚后发育（postembryonic）准备条件。在前一个时期的细胞分裂和组织分化之后，接着就是细胞的扩展和储存物的存积，所以此时期称为成熟期。成熟期所负责的内容是：
①合成大量的储存物质；②诱导水分流失；③防止未成熟就萌发；④建立休眠状态。

储存物的合成和存积速率，如蛋白质、脂肪、淀粉都在增高，而使子叶和主轴细胞扩展。在成熟期，细胞的空泡（vacuoles）有特定行为，即能剖裂开并脱水使细胞产出蛋白体和糊粉粒（aleurone grains）。成熟末期时，种子进入休眠期。这个过程必不可少的调节剂是 ABA，在胚发育晚期 ABA

浓度峰值很高，至少能在转录水平上调控基因表达。成熟种子可分成传统规则型和不规则型（orthodox and recalcitrant）。前者的胚在成熟时有一个干燥过程而后者没有，一般情况下不耐干燥。大多数被子植物和针叶树种子是传统规则型的，这种类型种子又能进一步分成静止型和休眠型（quiescent or dormant type）。前者加水后就能萌发而后者需附加一些因素才能萌发。规则型种子更能抗多种多样条件，在更加极端条件下也能存活。

（七）胚柄体系

胚柄在胚发育期间是一种有时间性的动态结构并有重要功能。胚柄在胚发育早期就有功能，之后则进行细胞程序性死亡（programmed cell death）。用被子植物一个品种在结构生化和生理方面做广泛研究发现，胚柄在胚早期发育中起着活跃的作用，即促胚体（embryo proper）不断生长；在发育早期胚柄既是活跃的营养传送者又是植物生长调节剂如生长素（auxin）、赤霉素（gibberellins）、细胞分裂素（cytokinins）和 ABA（脱落酸）的重要来源；胚柄细胞常能增加转录活性；胚柄细胞比胚体细胞含更多的 RNA 和蛋白质，而且比同龄的胚细胞更能有效地合成它们。

当胚柄促胚体生长的同时，胚体却抑制胚柄生长。用拟南芥特异的两个突变株的胚证明胚柄所具有的发育潜能（developmental potential）常大于其遗传所决定的正常的发育潜能。但只有当胚体的抑制效应受干扰，导致胚柄中出现细胞程序死亡的错误调控时，这种潜能才会表现出来。双生突变株（twin）中的一个表现出胚柄不正常增殖，可产生多个胚（multiple embryos）。另一个突变株（悬钩子的，raspbeny）则不能从球形期向心形期过渡却不断增殖胚柄和胚体。

不过，有时体细胞胚发生并不同时发育长出一个正常的胚柄，因此认为：或是由于在这种胚发育中，胚柄不起关键决定性作用；或是培养体系的组成成分能替代对胚柄的所需。在胡萝卜（Daucus carota）的可产生胚的培养物中有非产生胚的单个细胞的存在（non-embryogenic single cells），证明它们对胚发生有刺激作用。在悬浮培养的细胞中会有些保留着胚柄细胞的某些功能的细胞，可能在体外培养中它们替代了胚柄细胞的作用。

二、胚发育的调控

在胚发生过程中，合子（zygote）要进行一系列复杂的形态上和细胞的变化，以确定植物形态定型和胚后发育所需的分生组织。为保证将一个单细胞的合子发育成一个有组织的多细胞结构的胚，大量基因必须在高度协调下表达才行。

在胚和种苗期间有3×10^4个以上基因被表达。估计约需3500个不同的基因才能完成胚的发育。在拟南芥胚中约有40个基因指导形成胚体所有组构成分。胚发育过程中基因调控方面的研究进展受到限制，主要是难以得到特别是胚发育的早期阶段的材料。通过利用体外授精，体细胞胚的发生和胚缺失型突变株已得到某种程度的克服，使我们对胚发育调控的了解大大地增加。

（一）胚中细胞命运和结局的确定

分生组织产生的细胞最后的命运或结局是多样的，有两个影响机制：一是极化细胞不均衡的分裂（unequal division）和细胞所在方位决定命运（position dependent cell fate determination）。这两种机制在胚发育过程中起作用。胚发生过程中，细胞分裂平面（cell division plane）是否正确起关键作用，因为一个极化细胞的分裂会将细胞所含细胞质以及任何的调控分子（regulatory molecules）进行不平等的分派。结果使不同的细胞质决定因素或称决定子（cytoplasmic determinants）遗传给不对称分裂产生出的子细胞，从而获得不同的命运。一个由SHOOT-ROOT（SHR）基因编码的转录因子是不对称细胞分裂（asymmetric cell division）所需的，而这种不对称分裂又是负责形成基础组织（ground tissue）如内皮层（endodermis）和皮层（cortex）的，此外，已知拟南芥根部内皮层的特化是参与一种辐射性信号传导途径的（radial signalling pathwsay）。

细胞最终命运由位置信息（positional information）和/或早期发生的一些事件甚至之后这些信息可传至后代细胞（transmitted down cell lineage）来决定。不过至今仅在早期表皮细胞有决定其命运的实例证明，在植物的固定不变的后代细胞世系（a rigid cell lineage in plants）中尚未发现。因此，Irish和Sussex（1992）认为这种现象说明只有可能性/或然率的安排（probability map）而不是不变的命运注定（fate map）。现在认为体细胞组织的形成必不可少的信息条件是细胞的位置而不是以前发育方面所发生的历史事件。[1] 因此一般说来，在胚发育期间细胞命运的确定涉及一些特指基因的局部性表达所形成的特异调控蛋白的局部活性相关。虽然 细胞间的沟通在

[1] 胡骏.被子植物胚胎发育的分子遗传学研究 [J].中山大学研究生学刊（自然科学版），2001（4）.

植物胚组构定型方面被认为起重要作用，但其分子机理还不了解。建议有两种机制：一是通过跨膜的富含亮氨酸重复序列的丝氨酸／苏氨酸激酶受体信号横跨细胞表面；另一是通过胞间连丝（plasmadesmata）进行分子的交换。

克隆分析（clonal analysis）已证明干细胞（stem cell）的命运是由位置信息所特化（specified by positional information），该信息强加在正处在茎分生组织顶点的细胞。只有这种处在这个位置的干细胞后代才保持有多潜能的特性（pluripotent），而离开这个位置的子代细胞就被分化了。对拟南芥茎枝分生组织的研究已知协调这两种具拮抗性作用的分子机制受控于CLAVTA和WUSCHEL，这两个基因间形成的一个调控环（a regulatory loop）。

（二）胚的突变体

基于突变的发生和对突变体的鉴定和分析，使得分别在不同的发育阶段得到几类体。大多数筛选工作都是用拟南芥完成的。对不同突变体的遗传分析的结论是：胚发育的三个基本要素（basic elements）为组构定型（pattern formation）、形态（morphogenesis）和细胞的分化（cytodifferentiation），三者各自独立地被调控。

很多胚突变体都是被阻断在发育早期，这很可能是发育早期那些必需的、不可缺少的基本功能受影响而造成的突变。已定性的与突变相关的基本功能有：生物素（biotin）的合成，细胞分裂和细胞扩展；内含子的拼接（intron splicing）。另外一些突变体很可能是对植物生长起更直接作用的一些基因有欠缺。不过，有些情况是不可能在主管功能（housekeeping）；调控功能两者之间区分得很清楚，因为很多基因在完成其细胞功能时，该功能是直接与生长发育相关的。

有一类突变包括胚柄突变体（twin，raspberry）是由于胚柄和胚体之间平衡发生改变，是间接的结果。胚柄和胚体间信号被打乱或阻断会造成胚柄负起类似胚的命运（embryo-like fate）。分析木莓（raspberry）突变体，它被阻断在球形期，但组织层仍在按其正确的空间范围进行分化，这说明组织分化可独立地发生，与器官形成和形态发生没有依赖关系。

在胚发育过程中，沿着纵轴形成三个空间功能域（spatial domains）：顶端功能域由子叶、茎尖和下胚轴的上部组成；中央功能域，包括下胚轴大部分；基部功能域主要是根。有这些功能域的证据是通过分析几个顶端基部间的突变体如gurke、fackel、monopteros或gnom得到的，每个突变体缺少胚三个功能域中的一个。再者，这些功能域能各自独立地发育。虽然对这样一个顶端-基部主轴形成的详细机制尚不清楚，但有理由假定它们来自合子（zygote）所固有的极化作用（intrinsic polarization）联同其周围组织可能影响主轴定向。

对gnom和monopteros突变体的分析使我们了解了生长素在胚定形和器官形成方面的重要性。MONOPTEROS基因编码一个转录因子很可能涉及生长素的信号传导。也假设了一种模型（mode）认为生长素在球形期时是以梯度分布的。这种分布在导致主轴从辐射对称向两侧对称过渡（transition from radial symmely to bilateral symmetry），而且最后导致茎枝分生组织的形成都是必不可少的。GNOM蛋白被认为是调控泡囊运输的（vesicle trafficking）.而协调生长素外流载体（efflux carriers）的极性定位需要这种泡囊，进而最后决定生长素的活动方向。

从水稻四个独立的基因座衍生出的9个隐性突变，造成茎端分生组织（stem apical meristem，SAM）的缺失已被定性。分析这些突变体已证明胚根（radicle）和小盾片（scutellum）的分化不依赖SAM，但胚芽鞘（coleoptile）和外胚层（epiblast）就依赖SAM。

SAM的形成是胚发育很早期连续的组构定型（patteming）过程的结果。一旦SAM建立了，WUSCHEL基因的表达就可限定一组细胞能将覆盖在上面的邻近细胞特化为干细胞。CLAVATA（CLV1和CLV3）和SHOOTMERISTEMLESS（STM）基因能特异地调控拟南芥茎枝分生组织的发育。CLV和STM有相反的功能：CLV1和CLV3突变体可在茎分生组织中积累过量的未分化细胞，而stm突变体在胚发育过程中不能形成这种未分化的细胞。CLV1编码一个受体激酶（receptor kinase），与CLV3联合作用可控制分生组织细胞增生和分化之间的平衡。

具有肥大的SAM（enlarged SAM）的拟南芥突变株如CLV和primordia timing（pt）能产生稳定的胚发生培养物（stable embryogenic cultures）。因此作者认为增加一个未定型的SAM细胞群体（noncommitted SAM cells population）能促进体细胞胚发生，这是可依赖的方法。遗传学研究揭露了拟南芥的ABA-INSENSITI VE3（ABI3）、FUSCA3（FUS3）和LEAFY COTYLEDONl（LECl）基因座（loci）在调控胚成熟方面起重要作用。所有这三个基因座对胚特化过程有促进作用，但对其萌发有抑制作用。这三个基因座互作可调控种子成熟期间所发生的几个作用过程，包括叶绿素的积累、耐干燥、对ABA的敏感性以及储存蛋白质基因的表达。FUS3和LECI可调控ABI1蛋白丰度（abundance）。但LECL突变是多效性的（pleiotropic），通过分析LECL突变对胚发育的影响证明LEC1基因是胚发育的重要调节剂（regulator），它能活化胚形态发生和细胞分化所需基因的转录。

（三）胚发育期间基因的表达

虽然新形成的合子含有来自父系和母系两者的遗传信息，可是在胚早期和胚乳形成期起作用的很多基因活性却唯独依赖来自母系的等位基因的转录，因来自父系的基因组最初是沉默的。与胚特化相关的mRNA序列的表达隐含着普遍特点是它似乎在胚发育期间的不同时间就衰败（decay）了。这种现象正是说明每套基因的表达是受控于特异的调控信号。是什么缘由在胚发育特化阶段能活化特异基因尚不太了解。

分析拟南芥 STM 突变体首次确证植物的同源异型框基因（homeobox genes）与胚发育有关系。STM 编码 KNOTTEDl（KNl）- 型的同源异型蛋白（homeobox protein），而且在胚发育期间在 SAM 区内表达。其他 KNl- 型同源异型基因的局部性表达也观察到是在胚发育早期的 SAM 周围区。另外一个例子是 ATMLI 基因，其产物归属于同源（异型）.亮氨酸拉链型转录因子（homeodomain-leaeine zipper，HD-Zip transcriptionfactors），它在合子首次分裂后特异地在顶端细胞中表达。之后，在球形期时 ATML1 的表达受原表皮层(protoderm)的限制。还有从玉米分离到一个HD-Zip基因族的基因，它能在特异的细胞层内表达（cell-layer-specific-expression pattern），这种表达方式可确认胚和某些分生组织的亚功能域（subdomains）。一个胚特异的锌指蛋白基因（zincfinger protein gene） PEI1 在胚从球形期向心形期过渡时起重要作用。

将胚发育过程以及成熟期和萌发时的基因表达作定性研究就能鉴定出不同类型的与被子植物发育相关的基因，这些基因可分为五大类：

第1类组成性表达基因（constitutively expressed genes），它们的产物可出现在所有的各阶段，而且植物的正常生长需要它的功能。所以这些基因所表达出的产物功能正是很多植物细胞包括胚所需的基本功能。

第2类胚-特异基因（embryo-specific genes）限制在胚体中表达，在胚萌发前或萌发时即停止表达。

第3类胚发育早期高度表达直至子叶期的基因。

第4类种子蛋白基因，在子叶扩展和种子成熟时期表达。

第5类胚发育晚期才表达直至种子成熟的基因，这些基因是由ABA活化的。

第4类种子蛋白由几个多基因族（multigene families）所编码，胚成熟期时是非常丰富的，在成熟期的中期即高达胚mRNA的50%。在胚中的表达也仅局限在子叶和主轴的特异细胞中，而在周围非胚发育的种子组织中是不表达的。种子蛋白基因是通过在转录和转录后水平上调节的。

在这5类基因中，晚期胚发育的丰富蛋白（late embryogenesis abundant）即LEA蛋白基因在数量上占优势。LEA蛋白有几个共同特点：都是亲水性的（hydrophilic），含有大量不带电而羟基化的氨基酸（uncharged of hydroxylated amino acid）。这些特点是在干燥时或之后的休眠期间来保护细胞膜和蛋白质的。因为这些基因能被ABA或施以各种逆境（stress）在植物其他部分所诱发，所以其表达不是胚特异的。

三、体细胞胚发生的一般概况

体细胞胚的产生有两种情况：或是直接从外植体上分化出来而不受任何愈伤阶段的干扰，或者是在愈伤阶段后间接产生。最可能出现直接分化出胚的外植体是小孢子（microspores）（microsporogenesis，小孢子发生）、胚珠（ovules）、胚（embryo）和种苗（seedlings）。

体细胞胚直接发生的一个特例通常归类为次生胚发生（secondary embryogenesis）。它们是连续的、重复性的副胚，即当第一个形成的体胚未能发育成一棵植物时，会连续地一个接一个循环地产生次级、三级……的胚。次生胚可从子叶或下胚轴表皮或表皮下细胞直接发育出来。有些情况下次生胚的形成对增加再生植物产量有显著重要性。假若直接形成的体胚被转化为植株，就不可能有进一步的胚增殖了。但常常难以阻断这种形成胚的过程，结果常常是根本没有正常的再生植株或是有一些。除次生胚发生外，直接和间接体胚发生之间的区分是不清楚的。问题发生在老的假说认为直接的胚发生应当是从已定型细胞（predetermind calls）长出的，而间接的体胚应出自未定型细胞（undetermined cells），因此首先形成的应当是未分化的愈伤。但事实上所形成的愈伤可以是胚性愈伤（embryogenic callus）（即可产生胚的愈伤），也可能不是。通常又根据其形态和颜色很容易地将胚性的与非胚性的愈伤区别开来。胚性愈伤是由原胚发生细胞团所组成（proembryogenic masses，PEM）。目前还不知道是否第一次所形成的PEM实际就是由于对植物生长调节剂（PGR）的反应，从正常胚发育中偏离出来的一个胚，并得到进一步增殖。由于很难严格地把直接和间接体细胞胚发生区分开，我们只有集中在什么情况应归为间接胚发生，即首先形成胚性愈伤的称之为间接胚发生。为了能更有效，应在正确、合适的时候施用很多关键性的物理和化学的处理。虽然，在研发这些处理并了解其作用机制方面取得了很大进展，而且还揭示出一些促胚成熟的方法来增加体胚产量，但这些也确实带来了反面效应（adverse effects）而影响了胚的质量，损害了胚的萌发和体胚植物在容器外的生长（ex vitro growth）。

由体细胞胚再生出植株需要经过以下5个步骤：

①将初级外植体（primary explants）培养在含PGR，主要是生长素，也常有细胞分裂素的培养基上，来启动形成能发生胚的培养物（embryogenic culture）。

②能生胚的培养物在固化或液体的并含有与上述启动期类似的PGR的培养基上使其增生（proliferation）。

③体胚成熟前期（prematuration），应将培养物放在无PGR的培养基上，这样可抑制其增生，同时刺激体胚的形成和早期发育。

④放在含ABA和/或降低渗透势（having redaced osmotic potential）物质的培养基上促体胚成熟。

⑤在无PGR培养基上使胚再生出植株。

（一）胚性培养物的启动

植物体内的体细胞含有形成一个完整并具有功能的植物所必需的全部遗传信息。那么，在诱发体细胞胚产生时就必须能终止外植体组织内当时正在进行的基因表达方式（a current gene expression pattern），而代之以发生胚的基因表达程序（an embryogenic gene expression programme）。下调正在进行的基因表达的一种可能的机制是DNA的甲基化（methylation），而生长素可以影响其甲基化。也有人提议认为PGR和逆境（stress）在介导信号传导链并最终导致重新编码基因表达程序（reprogtamming of gene expression）上起着重要核心作用，这样就造成一系列的细胞分裂，诱导无组织结构的愈伤生长或极性生长，最终导致体细胞胚的发生。胚发生途径的启动仅局限于某些有反应并能活化那些与产生胚发生细胞相关基因的细胞。在初级外植体内这种细胞不多，有些而已。它们对诱导胚发生呈感受态（competent for embryogenic induction），Dudits等（1995）的看法是这些细胞对生长素的不同敏感度造成的结果。另一种说法是：这可能因为有不同的生长素受体存在，一种受体负责细胞分裂，而另一种负责不对称分裂，从而产生可发育出胚的细胞（embryogenic cells）。有两种机制对体外形成这种可发育出胚的细胞很重要：不对称细胞分裂和控制细胞的伸长。不对称的细胞分裂可被PGR促进。这些调节剂通过干扰细胞周围的pH梯度或电场来改变细胞极性。控制细胞扩展的能力与细胞壁的多糖和相应的水解酶有关。

体细胞胚的发生被说成是由遗传决定的。主要的基因型或栽培种的这种特性是不同的。因此，要想得到胚发生的细胞系（embryogenic cell-line），选择哪些植物种的外植体是至关重要的。有些植物种如胡萝卜（Daucus carota）和苜蓿（Medicago sativa）可不考虑外植体就能表现出它们产生胚性细胞的潜能。但对其他很多植物就必须采用有胚性的（embryonic）或高度幼嫩的（highly juvenile）组织。一个被培养的组织其在发育上的反应方式由表观遗传学所决定（epigenetically determined），而且受植物发育阶段和外植体性质等的影响。是否需用生长素或其他 PGR 来启动体细胞胚发生，主要由所用外植体的发育阶段所决定。一般地说，胚性愈伤是在含生长素的培养基上形成的。PEM（原胚发生细胞团）增生后产生一个瘤状组织（nodular tissue），这个过程很像一个类愈伤的生长（a callus-like growth）。通常用合成性生长素来启动胚性培养物。生长素调控胚发生的一种机制是酸化细胞质和细胞壁。大多数情况使用 1 ~ 10μmol/L 2, 4-D。不过有些时候需不同的生长素结合使用。单独用细胞分裂素启动的相当罕见。但对大多数植物种，生长素和细胞分裂素合用是重要的。对大多数植物种，低浓度细胞分裂素（如 0.1 ~ 1.0μmol/L）即可启动。不过在很多植物上发现单独用 TDZ 可替代生长素和细胞分裂素。用较高浓度的细胞分裂素会有负效应。通过改变施加外源生长素的浓度或改变生长素与细胞分裂素的比例常能刺激这种启动。认为 TDZ 是调节内源生长素和细胞分裂素水平来诱生体细胞胚。有些情况使用 TDZ 能得到比其他 PGR 更高的体胚发生比率。有几个报道说乙烯可刺激体细胞胚的发生，如咖啡属（Coffea，茜草科）植物叶圆片（leaf disk）培养在只有异戊烯腺嘌呤（isopentenyladenine）为唯一外源 PGR 培养基上时，乙烯能促进体细胞胚的发生。

最近又证明应用新一代的生长调节剂如寡糖精（oligosaccharides）、茉莉酮酸（jasmonate）、多胺类（polyamines）和油菜素类固醇（brassinosteroides）来启动很多植物的体胚发生是有用的。

有些植物种使用不是 PGR 的化合物也能成功地启动体胚发生。如在培养基中加还原型 N 是重要的，铵（ammonium）或酰胺氮（amide nitrogen）常能刺激体细胞胚发生。有报道说碳源类型在很多植物上能影响启动。

胡萝卜受伤的合子胚在不加激素的培养基上能启动胚性培养物。在以 NH_4^+ 为唯一 N 源、pH=4 条件下，在不加任何激素的培养基上，该培养物能以无组织结构的胚性细胞团状维持着。

（二）胚性培养物的增生

一旦胚性细胞形成，即能继续增生形成 PEM。PEM 的增生需要生长素，但对PEM进一步发育成体细胞胚有抑制作用。在有生长素存在下，胚分化程度因不同植物种而异。应注意到，培养基中的生长素在培养仅几天后就会开始耗尽，因此，如培养物不是每周转一次至新鲜培养基上，则体细胞胚会开始发育。

胚性愈伤可维持在与启动培养基相似的培养基上，维持在半固相培养基上也能增生。不过，对大规模繁殖一般建立悬浮培养较好。悬浮培养除增殖率较高外，同步性也较好。悬浮培养中，单细胞和细胞团（cell aggregates）都能发育成一个个可分离开的结构。因此这些细胞很容易用过筛（sieving）或离心方法分离开，然后按所需进行继代（subculture）。低pH对维持培养物在增生期是必不可少的。每次继代期间培养基pH常会从5.8降至4.0左右。将胡萝卜的前球形期PEM继代在无激素、缓冲pH在5.8的培养基上，它们能迅速地继续发育至球形期、心形期、鱼雷期和子叶期的胚。有些植物种和有些基因型的胚性培养物可以长期地继代培养在含PGR的培养基上仍能保留它们产生胚的潜能，也就是仍能产生成熟的胚并能发育成植株。不过，体细胞无性系变异（somaclonal variation）率增加的危险和胚发生潜能消失的概率随着延长培养而积累提高。在我们试验室，凡增生期在半年以上的胚性培养物是不会使用的。只要产胚的细胞系建立，立即冷藏（cryopreserved），逐次融化用于研究。

（三）成熟前的体细胞胚

PEM的增生和有组织结构的胚发育之间组成一个纽带，同时又区分多个阶段，在整个过程中PEM向胚发育的过渡（PEM to embryo transition）是重要的关键一步。很可能许多胚性细胞之所以不能发育并形成很好的体细胞胚在很大程度上与这个过渡受干扰或被抑制相关。当胚未达到相当的发育阶段时，就不应给以促成熟的处理。合成性的生长素如2,4-D仅对促进建立胚性培养物及其增生特别有效，而且通常不会被细胞代谢到与天然生长素同一水平。因此，为了刺激体细胞胚的进一步生长发育，有必要将胚性培养物转至不含生长素的培养基上。由于没有了生长素则阻挡向胚心形期过渡所需基因表达的障碍也被消除（Zimmerman，1993）。

当将培养物从增生培养基转至刺激胚发育的培养基上时，培养物是单细胞和细胞聚集体的混合物，为了使发育同步化，可将它们洗涤后过筛。

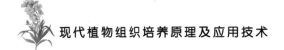

（四）体细胞胚的成熟

在其成熟阶段，体细胞胚要经历形态和生化方面的变化。子叶作为储存器官扩展的同时要积存需储存的物质，以及抑制萌发获得耐干燥特性。体细胞胚储存的物质与合子胚所储存的物质具有同样的性质。这些储存物质的目标也同样指向确切无误的亚细胞区室（subcellular compartments）。但两者在储存量和积累时间方面是不同的。这两种胚发育期间的储存物和晚期胚发生的丰富蛋白（late embryogenesis abundant protein，LEA）的合成和积存通常由ABA-和水-逆境（ABA-and water-stress）所诱导的基因表达来调控。

有些植物种，有必要用ABA处理胚性培养物来刺激成熟，通常用10~50μmol/L ABA，特别对针叶树（conifers）是如此，其理由不明。还有些情况是利用ABA减少次生胚发生或抑制提前萌发。一般地讲，处理一个月是适宜的，延长处理常增加成熟胚形成的数目，但对植物生长会有负面后效应（negative aftereffect）。还有报道认为很多其他因素如乙烯、渗透逆境（osmotic stress）、pH和光周期也会影响体细胞胚成熟，不同植物种情况不同。

一般地说，干燥到一定程度，种子胚的成熟即终止，同时因失水使代谢作用逐渐减少，此时胚进入代谢钝化或静止休眠期。由于干燥(desiccation)胚逐渐进入代谢静止休眠，这点很重要，因这不仅使种子获得对极端环境逆境有耐受性，而且使种子散布有宽裕的时间和空间。正规传统种子（orthodax seed）水合（化）作用后（hydration）导致其萌发，这是种子从成熟程序转至萌发程序最直觉的反应。与此完全不同的是，那些难控制的不规则种子的胚（recalcitrant embryos），它们在干燥条件下不能存活，在成熟期时也不停止发育。

难控制型种子的体细胞胚不会自然地进入发育禁锢期，它们会提前萌发但形成的植株存活率低。对正规种子型植物种的体细胞胚用脱水处理（dehrydration）就有可能诱导它进入静止休眠期。做了大量工作试图改进体细胞胚质量，证明在成熟期培养基的低渗透势对被子植物和裸子植物的胚发育均有刺激作用。这种效应与在传统规则型种子的成熟晚期自然地施加水分逆境（缺水）的效果相似。这使胚在严重脱水情况下或湿度降至5%时仍能存活。不同的渗透剂（osmotic agents）如低分子量的无机盐、氨基酸和糖以及高分子量化合物如聚乙二醇（polyerhylene glycols，PEG）、葡聚糖（dexstrans）均能给出低渗透势培养基。体外培养用 Mr>4000 的 PEG 所诱发的渗透势逆境最接近植物遭脱水条件下所看到的胚和植物的细胞。其理由是 PEG 是较大分子的，当水分被抽去后它不能穿过细胞壁，结果使细胞膨压（turgor pressure）降低，胞内水势更趋负值。虽然在成熟培养基中加 PEG 在很多情况下均证明可刺激成熟，但也发现对胚萌发和萌发后早期的根生长有害（adverse effect）。在欧洲云杉（Picea abies，云杉属，松科）上就发现 PEG 处理对胚形态和根分生组织的发育产生有害效应。

有些植物种在成熟期处理后接着用部分干燥（脱水）处理，却真正强化了体细胞胚的萌发频率。从而认为干燥处理降低了内源 ABA 含量或改变了对 ABA 的敏感性。已知种子对吸胀逆境（imbibitional stress）的敏感性是由种子最初的含水量和摄取水的速率所调控。上述这些因素的互作对萌发和之后的种苗活力会产生令人注目的变化。一般地说，高效率摄取水，即快速吸胀（quick imbibition）对萌发具有害作用。所以将摄取水速率维持在一个低水平是重要的。干燥处理有不同方法可用。最容易的是把成熟胚单个地放在空培养皿内，将周围空气湿度保持在第一次使胚脱水（dehydrated）的水平，之后维持适当速率使成水合状（hydrated）。

（五）植株的再生

体细胞胚的发生是一个复杂过程，其最终产物的质量应是既存活又能生长的再生植物，这就要靠当成熟体胚形成和萌发的早期所提供的条件了。因此，为了大量繁殖体细胞胚植物，就应详细分析这种植物在容器外培养（exvitro）时所需关键因素。一个成熟的胚在成熟末期能否发育成正常植株取决于是否已积累了足够的储存物和具有所需的耐干燥性。体细胞胚发育成小植株是常见的，所谓小是与种苗（seedlings）比，而且是在无PGR的培养基上长出来，不过也有时用生长素和细胞分裂素刺激发芽。因此常需对基本培养基做显著的改变。对有些植物种应加些额外化合物和谷氨酰胺（glutamine）以及酪蛋白水解液（casein hydrolysate）。当植物达到合适大小时即可移栽至容器外。很多报告认为体胚植物可与来自真正种子的种苗相似的方法生长。不管用何种方法，对有些植物种，体细胞无性系变异（somaclonal variation）总是个问题。通常使用2，4-D是诱发遗传和表观遗传变异（epigenetic variation）的原因。

四、调控体细胞胚发生的环境因子

调控植物体细胞胚细胞分化的机制还未搞清楚，尽管有证明认为与可溶性信号分子有关（soluble signal molecules）。很早就观察到根据胚发生培养物（embryogenic cultures）设计的条件培养基（conditioned medium）能促进胚的发生。如为高水平的胚发生培养物提供的条件培养基能在非胚发生培养物（non-embryogenic culture）上诱导出胚发生。用一个高密度悬浮培养对生长培养基做预先调节（growth medium preconditioned）也能诱使低细胞密度培养有胚发生。条件培养基这种能维持或刺激体细胞胚发生的能力意味着被分泌出来的可溶性信号分子的重要性。

（一）胞外蛋白质

悬浮培养物分泌到生长培养基中的蛋白质已在几个植物种上报告过。不过仅有几份报告证明某些特异的分泌出的蛋白质能影响体细胞胚的发育。能促胡萝卜（Daucus carota）胚性培养物的体细胞胚发育的一种蛋白质已被鉴定为糖基化酸性内切几丁酶（glycosylated acidic endochitinase）。研究胡萝卜的温度敏感变异体（temperature sensitivc variant）tsll如在非许可温度下（non-permissive temperature）体胚发育被阻断在球形期。将内切几丁酶加至tsll胚性培养物可援救胚发生并促胚的形成。类似试验是甜菜的内切几丁酶可刺激欧洲冷杉体胚的早期发育。在胡萝卜胚发生培养物中，一个内切几丁酶基因的表达与一个具有抚育胚发生功能的某个细胞群体相关。这种几丁酶在体胚发生方面的确切功能尚不清楚，不过已认为几丁酶与裂解（cleaving off）信号分子有关，但其酶解底物仍然未知。

（二）阿拉伯半乳聚糖蛋白

已发现阿拉伯半乳聚糖蛋白（arabinogalactan protein，AGP）对体胚发育至关重要。AGP是结构复杂大分子的一个异源族群（a heterogenous group），由一个多肽、一个大而分枝的聚糖链和一个脂类所组成。它的碳水化合物蛋白质比例很高，常有90%以上的碳水化合物，也正是识别它们的特征。AGP存在于细胞壁和质膜中，常在培养基中找到它们。干扰或微扰（perturbation）AGP能改变体胚发生，这说明了AGP对胚发育的重要性。如在培养基中加Yariv试剂（Yariv reagent），它是能与AGP特异结合的一种合成性苯基－糖苷（synthetic phenyl-glycoside）——可阻断Daucus（胡萝卜属）和Cichorium（菊苣属）植物体细胞胚的发生。用抗－AGP的抗体沉淀AGP分子对体胚形成有同样的抑制效果。还有，将AGP加至培养物中可促体胚发生。从胡萝卜种子所分离的AGP可恢复已失去发育成体

胚能力的胡萝卜老的细胞系。同样从 Picea（云杉属）种子中分离出的 AGP
可促云杉类植物胚发生能力低的细胞系形成更多的体细胞胚。将从胡萝卜
种子中分离的 AGP 做分部分离（fractionated），后与它们的抗体 ZUM15 和
ZUM18 结合（Kreuger 和 Van Holst，1995）。与 ZUM15 有反应的 AGP 抑
制体胚发生，而与 ZUM18 有反应的却显著地增加胚性细胞百分比和最后
胚的数目。还有令人感兴趣的是，能与 ZUM18 反应的来自胡萝卜的 AGP
能强化仙客来属（Cyclamen，报春花科）体细胞胚的出现频率。而来自
Lycopersicum（番茄）的 AGP 可促胡萝卜体胚发生。与 JIM4（单克隆抗
体）反应的 AGP 表面抗原（即抗原表位）（epitopes）在胡萝卜和玉米的胚
性细胞中都有发现。另一方面，与 JIM8 反应的 AGP- 表面抗原在胡萝卜的
一个亚群（subpopulation）细胞中发现，而这群细胞在体胚发育期间有特异
的抚育功能（specific nursing function）。利用 JIM8 抗体，McCabe 等（1997）
在胡萝卜胚性培养物细胞中找出两种类型的细胞：一种是与 JIM8 有反应的
AGP- 表面抗原的细胞，简称 JIM8- 正反应细胞，一种是没有能反应的抗
原，称 JIM8- 负反应细胞（JIM8-positive cells and JIM8-negative cells）。
进一步研究揭露，JIM8- 负反应细胞如来自未分部的（unfractionated）悬浮
培养的细胞可以发育成体细胞胚，如来自自己被分离的 JIM8- 负反应细胞
亚群就不能形成胚。如用 JIM8- 正反应细胞用过的培养基 [也叫做 JIM8-
正反应的条件培养基（media conditioned by JIM8-positive cells）] 来补充，
就可以形成胚。这些数据说明，促胚形成的活性物质是从 JIM8- 正反应细
胞中释放到培养基的。分析这种化合物的化学结构证明有碳水化合物和
脂类，并提出这样的看法：在胡萝卜的可产生胚的培养物中，AGP 能产生
出一种有信号功能的寡糖精 [oligosaccharin（s）]。由于有一种糖基磷脂酰
肌醇（glycosyl phosphatidyl inositol）的脂固定在一些 AGP 上，因此也支
持这种可能性，即 AGP 是起信号作用的分子前体（precursors of signalling
molecules）。虽然寡糖精的化学结构还模模糊糊不清楚，但越来越多的数
据使人联想脂几丁寡糖（lipochitooligosaccharides，LCO）是体细胞胚发生
起信号作用的分子。

（三）脂几丁寡糖

已知脂几丁寡糖（LCO）是一类可促植物细胞分裂起信号作用的分子。
很早就知道，从固氮菌（Rhizobium）分泌的 Nod 因子即 LCO 信号可诱导根
皮层细胞分裂导致形成根瘤。不同的固氮菌中所产生的 Nod 因子均含有一
个寡糖骨架即 1，4- 联氮 - 乙酰 -D- 氨基葡糖残基（1，4-linked N-acetyl-

D-glucosamine，GlcNAc）组成，其长度不等，在 3～5 个糖单位之间，但总有个 N- 酰基（N-acyl）链在非还原型末端（non-reducing terminus）。这个基本结构是根瘤菌侵染时形成固氮瘤所必需的。与此同时，也有些证据认为 LCO 与调控体细胞发育有关。又发现根瘤菌的 Nod 因子可刺激胡萝卜体细胞胚发育至球形期的晚期，而且还能促欧洲云杉（Picea abies）的小细胞团发育成较大的 PEM 并进一步发育成体细胞胚。更详细的研究证明 Nod 因子可替代生长素和细胞分裂素促细胞分裂。还有，类似 Nod 因子（nod-factor-like）的内源 LCO 化合物（endogenous LCO compound）也在用于欧洲云杉产胚培养物的条件化培养基（conditioned medium）中找到。部分纯化的 LCO 可刺激欧洲云杉 PEM 和体细胞胚的形成。令人惊奇的是，在胡萝卜和欧洲云杉的胚发生系中，根瘤菌 Nod 因子能代替几丁酶在胚发育早期所起的作用。这说明被激活的信号传导途径有趋同性（convergence）。而且已经获得有关 AGP、几丁酶和含 GlcNAc 的寡糖在胚发育方面有协同作用（concerted action）的证据。从胡萝卜未成熟种子中已分离到含 GlcNAc 的 AGP。添加 AGP 能增加胡萝卜胚发生培养物形成体胚的数目，将种子的 AGP 和内切几丁酶共作保温预处理可增加胚形成频率。总之，这些数据支持这样的假说：在结构上类似于根瘤菌 Nod 因子的内源 LCO，在内切几丁酶作用下，从 AGP 被释放出来可起信号分子作用刺激体细胞胚的发育。

五、跟踪体细胞胚发生与发展

为有效地调控体细胞胚发生直至形成植株，重要的是要了解体细胞胚是如何发育的。获得这种知识的理想办法是构建一个遗传定型流程图（fate map），来说明体胚发育全过程中不同发育阶段的特异分子标记物和形态学上发生变化的较恰当次数。该图应显示出体细胞胚发生和发展的确切进程，为进一步分析其特化和诱导作用（specification and induction）以及胚发生组织和器官的结构形成（patterning）打下基础。

（一）遗传定型流程图的构造

构建该图有两种可二择一的方法：用同步细胞分裂系统（using synchronous cell-divisionsystem），或定时跟踪单个原生质体（individual protoplasts），细胞和多细胞结构（multicellalar structure）。第二个方法常给出较稳定而一致的数据，因它不需要使用影响细胞周期的药品和离心处理，否则的话会干扰胚发育。第二种方法可能还有另外一些优点，如单个细胞或细胞聚集体等起始材料可根据一定标准做预选而且有可能同时完成多种分析，如注射的分子探针（molecular probes）可用低分子量的荧光色素（fluorochromes）偶联，或与绿色荧光蛋白融合（fused to green fiuorescent protein）来同时分析它们的动力学和分布。

（二）被子植物

在被子植物中，从体细胞胚发生的发育途径及其分子机制看，了解最清楚的是胡萝卜（Daucus carota），这一事实并不完全令人惊奇，因胡萝卜胚性细胞的悬浮培养非常容易作同步化处理和定时追踪分析。Toonen等（1994）已利用第二种方法研究体细胞胚发生的三个重要方面：
①什么样的细胞类型具有胚发生的潜能（即有能力发育成体细胞胚）；②体细胞胚发生有哪些主要阶段是不同的起始细胞型所共有的；③不同细胞型的体细胞胚发生之间有何异同点（variations of similarities）。根据形状（圆形、卵圆形或长形）和细胞质密度（density of cytoplasm）（即富含细胞质和空泡的区别），将来自胡萝卜、胚性细胞悬浮培养中的单细胞分成5个型。发现所有类型都能发育出体胚，仅在频率上有差别（变化在 19～100 体细胞胚 /10000 细胞）。无论哪种类型胚的形成都经过同一定型的顺序和阶段，即 0 个和 2 个细胞团的状态（state-0 and 2 cell cluster）。形成阶段 -0 细胞团时需要生长素。其后的 1 个和 2 个细胞团的阶段是拿掉生长素后形成的。有意思的是，胚发生可经过三种不同途径，可用上述三阶段中有或无细胞团的几何对称来区分，是哪种途径取决于最初的细胞型。卵形和长形细胞总是有空泡的（vacuolated），是经过不对称细胞团发育成体胚。圆形细胞或有空泡或富含细胞质是经对称细胞团发育成体胚的。形态变化较大的细胞起初发育出畸形细胞团，之后转化成体胚。这些观察暗示在体外培养的体细胞胚发生过程中并不总要出现有结构的生长和极性（organised growth and polarity）。生长素诱生的 PEM 可以是无结构生长和保守性胚结构两者之间的中间体。

（三）裸子植物

定时追踪技术已用于分析欧洲云杉（Picea abies）体细胞胚发生的发育途径。一个值得注意的事实是与胡萝卜情况完全不同，从欧洲云杉粗的悬浮培养中所得单细胞分部，无论是富含细胞质的还是有空泡的细胞都不能发育成体细胞胚。因此追踪是用几个细胞的聚集体称PEM-Ⅰ-细胞聚集

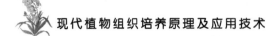

体开始的。它们是由细胞质密集的细胞所组成的一个小而紧密的团块，并与一个有空泡的单个细胞为邻。将它固定在琼脂糖（agarose）薄层上并给以适合的营养条件。开始时还提供生长素和细胞分裂素。此时PEM-Ⅱ-细胞聚集体又形成另外一个有空泡的细胞而进入下一个阶段PEM-Ⅱ。在第3天最初的有空泡长形细胞用Evans蓝染色的强度也增加了，其强度比新形成的另一个有空泡的细胞还要强。在PEM-Ⅱ阶段内的一个有空泡的细胞中可以用末端脱氧核苷酸转移酶（deoxynucleotidyl transferase）所造成的dUTP切口末端标记（TUNEL）的方法来检测到体细胞胚发生途径中核DNA降解的第一个信号。接着PEM-Ⅱ产生更多的细胞包括两种类型的细胞而变大，同时保持着双极状（bipolar pattern）。但第10天后由于带浓密细胞质中心的细胞增殖活性增加，PEM-Ⅱ的极性（polarity）和独特的细胞质致密中心都消失了。这个过程从第15天一直延续到形成PEM-Ⅲ（第15，20天），接着是从PEM-Ⅲ进行体细胞胚的转分化（transdifferentiation。巧合的是，随着体细胞胚的形成，其初级结构也就是PEM-Ⅲ由于大量的细胞程序性死亡（programmed cell death，PCD）而退化（degenerate）。当拿掉PGR时显著地活化了胚的形成和PEM内的PCD。从细胞追踪分析上看到胚开始在无PGR的培养基上发育，这样的胚发育几乎从头到尾经过整个的胚发育早期。为了使胚进一步发育和成熟，固定在琼脂糖薄层上的早期胚必须再补给含ABA的培养基。早期胚对ABA首先可看得到的反应是胚体变成不透明（opaque）（第4天，ABA），此反应同时伴随着胚柄的消失，也是由PCD作用造成的。以后胚开始变长（7~14天，ABA）并分化出子叶（20~35天，ABA），体细胞胚充分成熟时很像它们的合子胚对应体（counterparts）。

（四）体细胞胚发生的模型

根据来自研究体细胞胚发生的发育途径的知识有可能构造一个过程模型（model of the process）。该模型必然对每个体系（system）都是特异的。以下仅以挪威云杉（Norway spruce，即欧洲云杉Picea abies）为例构建体细胞胚发生模型。欧洲云杉的体胚发生涉及两个较广的时期（two broad phase）。下面又再分出特异的发育阶段（specific developmental stages）。第一期主要以PEM的增生为代表——细胞聚集体（cell aggregates）要经过三个有特征性的阶段。用细胞数目和结构来区分成3个阶段即PEM-Ⅰ、PEM-Ⅱ和PEM-Ⅲ，但从来没有过能直接发育成一个真正的胚。第二期包括体细胞胚的发育。体胚从PEM-Ⅲ从头开始形成（arise de novo），然后按

Singh（1978）给松科（Pinaceae）合子胚发生所定型的（stereotyped）各阶段，逐一前进。为了维持PEM的增生，第一期需要生长素和细胞分裂素，可是胚从PEM-Ⅲ中形成却需要拿掉PGR来触发（triggered）。一旦早期胚形成，其进一步的发育至成熟需要ABA，每一发育阶段应用一套分子标记标出其特性。我们最近研究所出现的某些如阿拉伯半乳聚糖蛋白的表面抗原和一个脂类转移蛋白（lipid transfer protein）都是标记物的候选者。

第三节　影响植物离体形态发生的因素

植物离体培养中，外植体的基因型、生理状态、物理因素等是影响离体形态发生的主要因素，而且离体形态发生过程中的不同生长发育阶段，要求的培养基和培养条件往往是不同的，因此必须采取相应的培养程序。

一、植物种类和基因型

不同物种和同一物种不同基因型，其形态发生能力往往有巨大差异。例如，柑橘类中，甜橙（Citrus sinensis）的离体胚胎发生能力强，宽皮橘（Citus reticulata）（或橘）次之，柚类则比较难；马铃薯的不同品种间也存在类似情况。植物离体培养的基因型依赖性是一个非常突出的问题，对于再生能力差的基因型，应根据其具体代谢上的特点来确定相应的培养条件。但有一点值得注意，遗传上或亲缘上越相近的培养材料，其形态发生的条件要求也常常是类似的。[1]

二、影响形态发生的植物生理因素

一棵植株在其生长发育期间，它的各部分遗传密码在不同的细胞中分别表达。这样就使体外培养（in vitro）和容器外种植（extra vitrum）的植物生长和形态发生有不同的方式。植物的这种表型显现是基因型和环境互作的结果。我们选择基因型是通过选择植物种和/或栽培种完成的，而我们操纵基因表达是通过改变外植体或其母株所处环境而达到的。影响基因表达

---

[1] 袁学军．植物组织培养技术[M]．北京：中国农业科学技术出版社，2016.

还有其他因素包括：离体外植体来源的组织和器官的选择、母株生长条件和季节以及母株个体发育。

一个细胞或几个细胞内不同基因何时表达或不表达对植物生长、发育和生育期会产生深刻影响。这种差别表达关系到表观遗传的变异（epigenetic variation）。控制表观遗传变异正是繁殖植物和组培工作要集中解决的问题。

（一）表观遗传的表现和细胞定型（向）

植物细胞对某个信号的反应具有令人惊奇的能力，这种信号几乎一成不变——总是一种植物生长物质。假如细胞能反应也就能改变先前已定型的发育途径，如叶片的一个细胞就能改变而开始分裂，形成根或茎枝。在组培和植物增殖方面，细胞分裂素与生长素的比例是重要的，当细胞分裂素过量会形成不定枝，生长素过量时，会形成不定根或体细胞胚，当两者在中度至高水平时会长出愈伤。很多植物种有非凡的能力来替换受伤或已丧失的器官。受创伤后内源激素水平改变使愈伤形成和器官发生，这是常见的，也是植物正常伤口愈合的过程。同样地，有些植物种，因为高水平生长素与有性受精作用相关，可使邻近的体细胞改变发育途径而通过无融合生殖（apomixis）过程形成胚。在植物繁殖和组培方面我们正是利用细胞的这种愈合过程和无融合生殖能力（apomictic ability）。

一种组织内的不同细胞对细胞分裂素与生长素比值改变的反应不尽相同。所以了解某些细胞与另一些细胞对植物生长物质反应能力的区别是重要的。当我们具有的细胞分子生物学知识不断增加就能理解何以这里会发生细胞间的差别。用这种知识就有能力使难以驾驭的基因型再生，如很多植物成株的外形（adult forms）。

Christianson（1987）、Christianson 和 Warnick（1983，1988）曾说明在植株或外植体内部存在感受态或有能力的细胞（competent cells），即这些细胞有能力识别植物生长调节剂的信号而发生改变,变成定型的（becoming determined）。当植物生长调节剂信号去除后，该定型细胞会继续反应，它们会脱分化（再变成分生组织），同时它们的子细胞将分化成新的茎枝、根或体细胞胚。

并非一个组织的所有细胞都具有感受态能力，确切地说是什么可使一个细胞有能力察觉、感受一种植物生长调节剂的信号而它相邻细胞就不能，尚未很好地了解。现在知道的是施加植物生长调节剂可诱生特异 mRNA。这是特异基因对外源植物生长物质的反应并被表达的证据。这种特异基因的表达清楚地说明与定型细胞的改变有关，然而是什么使细胞成为有能力呈感受态的呢？

要想了解是什么将细胞变成有能力感受信号是困难的，因为在细胞已对植物生长物质做出反应并成为定型细胞再确认感受态的来由的确是个难题。细胞一旦定型，细胞发育途径的改变及其基因的表达是能够被研究的。但是要在细胞定型前找出哪个细胞有能力、哪个细胞不能感受信号是很难的。

很可能表观遗传的表达或表现（epigenetic expression）正是一个细胞呈感受态的理由。或许有一个或多个基因编码并表达出植物生长调节剂激发子（elicitor）的受体分子，正是这个受体分子使感受态细胞能识别植物生长调节剂。不过，很可能还有其他途径，比如信号转导途径中有某个重要基因被表达就能引发该细胞成为感受态。

细胞和组织发育途径的预定型（predetermination）在培养过程中常常被改变，这是由于细胞分化和分裂造成的，同时引发器官、胚分生组织或愈伤的直接形成。但是如该组织对这种改变无感受能力或培养基中的生长调节剂不合适，则原来预定的发育途径就不会被阻断。无论如何，在新建立的培养物中已决定的某些发育方向是可以存活不变的，而且偶尔可维持愈伤多次继代。

1.生长阶段

一个高等植物从受精卵开始直到成株，其发育过程要经过多个有序阶段，称之为个体发育（ontogeny）或个体发生（ontogenesis）。

幼年期（juvenile phase），一个幼年种苗植物在形态和生理本性方面会展现一种或多种不同特征，这也正是幼年植株和成株的区别。幼年的表型随着不断生长逐渐消失，植物各部分进入成熟，最终为成熟期（adult/mature phase）所替代。当成熟期出现时尖端分生组织在"正常"（Normal）诱导条件下能将营养性的改变为开花的分生组织。有些植物在幼年期与成熟期之间可分辨出有一个发育的过渡期，在此期间可以看出向花期过渡的潜力逐渐增强。

当植物被诱导走向花期时，茎尖分生组织则从形成营养结构改为形成生殖器官。通常是外界刺激如日照长度或寒冷来触发这种改变。但一个幼年期植物在这种正常的环境刺激下不能对刺激信号有所察觉和反应就会仍然留在营养阶段。在一定环境下幼年植物能被诱导来启动花期，但有几年它会恢复到原来幼年无花期的状态。不过，经常难以设计一个方法促使一个不进一步发育成熟的植株开花。很多松柏类针叶树能用赤霉素或生长素/赤霉素合用诱导幼年茎枝开花。

一般说幼年期的持续时间与植物可能的最终大小成比例，一年生草本植物最短，多年生草本和木本植物可不断地加长甚至很显著，很多树木有时持续很多年。从幼年到成熟期间的变化是表观遗传的改变（epigenetic change），也就是说表型的变化是基因表达的变化结果，而不是变异（mutation）。凡是从胚不论接合子胚还是体细胞胚再生出一个成熟植物，也就是幼年性状的再一次表现。曾研究英国常春藤（English Ivy）成熟的和幼年叶片组织的二氢黄酮醇（dihydro flavonol）还原酶（reductase）（DFR）基因的表达。用蔗糖和光照处理的幼嫩叶片中就能检测到 DFR 的活性而成熟期的叶片中测不到。而且确认缺少 DFR 活性是由于未能积累 DFR 的 mRNA，这是因为在成熟叶片中 DFR 基因未被转录。也有报道称成熟期的茎枝组织中该基因也未被表达，可以确认该基因只在幼年叶和茎中表达。为何 DFR 基因座不被转录的特殊原因仍未知。在拟南芥，光照和温度是各自独立地调控花的启动子（fioral promoter FT）基因。不过还有另外一些基因也能调控开花时间对温度的敏感度。这些基因如 FCA 和 FVE 作用在 FT 基因上游，而且似乎也与发育阶段的改变相关。

　　2.幼年植物的特征

　　确有大量实在的表型特征与幼年期相关，但种与种之间这些特征变化很大，常见的有幼嫩植物的叶片比成熟植物有更多的不同形状而且是单叶、不是复叶（或偶见两种是可逆的）。[1] 幼年叶也有一种特殊类型的角质层（cuticle），叶序（phyllotaxy）也不同。幼年植物比它的成熟对应物（adult counterparts）对病虫的抗性较弱。柑属（Citrus）和三刺皂荚（Gleditsia triacanthos，皂荚属、芸实科）幼嫩的有棘刺（thorny）而成熟期的没有，还有些树种如栎属（Quercus，壳斗科）和水青冈属（Fagus，壳斗科）植物幼年的茎枝以及树上较年青的部分可使开始衰老叶片不落而过冬。

　　（1）营养繁殖。

　　对植物繁殖者，幼年茎枝最重要特性是它们能提供易生不定根的插条或能在体外培养时很好生长的外植体。从植物成熟茎枝取插条虽能生根但成功率通常是低的，特别是木本植物更是如此。所以试图用成熟的类型来快繁木本植物在很多时候对研究工作者都是极大的挑战。对灌木和乔木大树来说，生根最严重的限制因子就是植物从幼年期向成熟期转变。使成熟的茎枝生根所经历的最大难题似乎是它们生理改变所造成的，也可能与较严重的微生物和病毒的污染有关。

[1] E.F. 乔治著 . 龚克强译 . 植物组培快繁 [M]. 北京：化学工业出版社，2014.

常春藤（hedera helix，常春藤属，五加科）被广泛用于研究幼年期，因为其幼年期与成熟期之间在形态上有明显区别。其幼年植物有不同的生长习性、叶形而且形成不定根能力也增强，将幼年期植物叶柄切下，在体外用生长素处理则靠近维管束附近的皮层薄壁细胞开始分裂形成根原基。不过，来自成熟叶片的叶柄用同样方法处理会形成愈伤，有些愈伤细胞会分裂形成根原基。这种现象说明幼年材料中有预先存在的感受态细胞能对生长素做出反应并定型形成根，而成熟材料没有这种可形成根的感受态细胞，可是一旦启动形成愈伤，某些愈伤细胞可获得这种感受态能力。

取自成熟茎枝的外植体一般讲比幼年材料更易遭受坏死（necrosis），特别是表面消毒后放在培养基上。如黑胡桃（Juglans nigra，胡桃属，胡桃科）从成熟枝取茎尖外植体，几小时内就死掉了，而来自种苗外植体的就健康地生长，两种外植体是放在不同容器内同一种培养基上（Preece和Van Sambeek，未发表资料）。只有改变培养基和培养条件黑胡桃成熟茎培养物才能维持若干年（Pearson和Preece，未发表资料）。可是来自成熟黑胡桃的微型茎枝（microshoots）仍不能生根。

对组培来说，幼嫩外植体一般说在体外比成熟材料容易建立培养物而且生长、增殖都更快，对树木来说更是这样，用成熟材料来快繁常常是困难的。

（2）繁殖植物的困境。

已清楚地知道用植物幼年期材料比成熟期的更容易进行营养繁殖。在选育新的优秀植株做克隆繁殖时，一般都需要等到植物成熟时，这样才可能评价它们的重要特征和最终的形状、大小、开花和结果的特点，秋季色彩等，还有其他一些特性。此时成熟的表型是知道了，但所有植株都已进入成熟期常常变成难以进行无性克隆繁殖的材料。Libby 和 Hood（1976）证明用重剪辐射松（radiata pine）的方法可维持它的幼年期。他们先是将筛选出的很多幼年插条生根，使部分生长至成熟期供评价用，其余的进行重剪（hedged）而维持在幼年期用于繁殖。这种方法对于快繁（micropropagation）也是颇有潜能的（注：所谓重剪是指将进入成熟期的母株几年内连续重剪整修使从基部诱生出幼年期的茎枝形成类似树篱状，故称 hedged stock pl. 或 hedging stock pl.）。

3.阶段发育的进程

一个植株内很多细胞都能表现出它们是幼年的还是成熟期的。可是最明显的莫胜于能启动长出新器官的茎端分生组织。幼年茎枝分生组织一般小于成熟的而且组成它的细胞都带有小的细胞核。分生组织是被定型产生幼年或成熟器官或组织的。即它们被编好程序产生茎枝、根或被分化的细胞。

幼年期和成熟期的生长均源于茎分生组织内持续的、稳定的基因表达。当细胞分裂时，这种表达可传递给子代细胞，而且当茎枝用插条或嫁接繁殖时还可继续表达。这种表达可通过环境条件的变化而逐渐改变或保持几年不变。一个尖端分生组织从幼年期变为具有一定形状和功能的成熟期（或反过来变化）一般都是持续稳定地发生的。植物表型的某些特征是以不同速度改变的，这与其他性状不同。如北美黄杉（Douglas fir，Pseudotsuga menziesii，黄杉属，松科）的种苗树（seedling trees）树龄20年才开花，9年树龄的插条100%生根，而来自14~24年树龄的仅5%生根。其他的性状特别是开花能力从一个阶段转向另一阶段是较突然的，而各阶段表型特征显然不同。很多桉属（Eucalyptus）植物种无论幼年或成年或居中年龄其叶片形状显然不同。

　　一个幼年期植株只能按定型的幼年期程序来生长。随着年龄增大它们的一些部分成为一株植物最年老的（见图2-2），所以在植株上较低、较年老些的部分仍保留着它们的幼年特性。这部分包括它的主干（trunk）和它较下边的靠近主干的枝条。有些温带树种如栎属（Quercus）[普通名称橡树（oak）]、水青冈属（Fagus）植物[普通名称山毛榉（Beech）]和槭属（Acer）植物[普通名称槭树（maple）]，它们能保留这部分枝条的叶片不落而过冬，表现出它们的年幼特征。当在冬季观察这些树种的成熟期样本时，集中观察这部分不落叶部分，会自然显现出这些树在年幼、年青时的形状。这部分年龄虽较老但仍保持幼态的部分称作该植物的"幼年锥"（cone ofjuvenility）。

　　一个植株长到足够大、足够老时，也就是说它通过所有各发育阶段的变化并表现出成熟期的性状。这些性状也就证明它在进行最新近的生长。因此一棵成熟的树的靠外边的和较高部分是最成熟的。在幼年锥和代表新长出来的成熟部分之间有过渡区（transition region）（见图2-3）。

　　Fishel等（2003）将6棵树龄10~15年、高7~9m的红槲栎[Quercus rubra，普通名称（北）红橡树（northern red oak）]的主干从基部切下然后切成40cm长的茎段，并确认它们在树上的位置。将茎段放在间歇喷雾条件下，催生、收获和生根，结果是软材茎枝生产量（Softwood production）和茎枝生根率是最下面的茎段最大，随着茎段高度增加而降低，这个结果与从最基部（即最幼嫩的）到顶部（最成熟的）之间的成熟度有个逐渐梯度的现象是一致的。但双色栎（Quercus bicolor）[湿地白橡（swamp whiteoak）]各茎段的茎枝生产量都一样，这说明植物种间有差别。

　　当种苗开始生长时，幼年期的外形就出现了，似乎这种现象与茎尖分生组织较靠近根部以及种苗有个不受约束的根系相关。当随着生长茎尖和

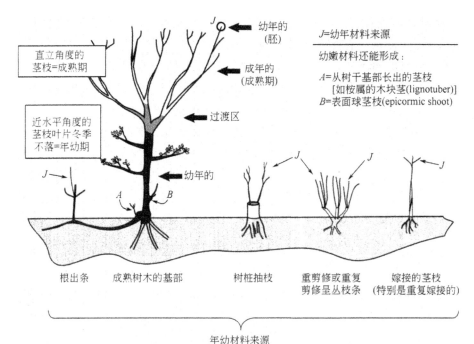

图2-2　一颗落叶双子叶植物上集中典型的年幼样板

根的物理距离在增大，茎尖分生组织的幼年状况也就消失了。假若每当白花烟（Nicotiana sylvestris）开始启动开花时就将茎尖切掉，再去生根，则它就不会开花了。快繁的针叶树（conifers）在其发育早期就出现成熟期的特征，这可能是因为植物根系发育得差。

4.返老还童

一棵植物一旦达到成熟期，它或多或少总是稳定的（Hackett，1987）。这种稳定性对于无性快（微）繁或大量繁育都是个问题，因为成熟期的无性繁殖体（propagules）的反应是很差的。

在果树方面，如苹果重复地剪修（hedging）或几次冬剪修至接近地面能成功地诱发生粮能力改进的复壮茎枝。为了繁殖将一棵成熟期植物重度地剪切，从树桩上能长出幼年期茎枝，这是个极端、剧烈的方法。能在成熟的木本植物上形成具有幼年期特征又不开花的茎枝，称它们为回复幼年的茎枝（juvenile reversion shoot）。

虽然从成熟植物上的潜伏体眠芽可生出通常都具有幼年期形态的茎枝。这里指的休眠芽是木本植物树皮下埋藏的不定芽或表面球茎样的侧芽（epicormic axillary buds），但这些茎枝一般都比种苗植物较早地开花，可推断它们并非完全是幼年期的。表面球茎上的茎枝和基部茎枝所表现的幼年特征是短命的，很易消失，可随着茎枝的伸长迅速消失，但根出条（root suckers）（即从根长出的枝条）似能长期维持幼年态。

从成熟的树木主干（trunks）或基部的隆起或突起的地方常出现一些新的并具有幼年特性的茎枝，这些突起物众所周知是球芽（spheroblasts），即结节生长物（nodular growth）或叫木质素瘤或木块茎（lignotubers），实际上是种苗最下边的节上长出茎基部的突起物（见图2-2）。

这些结构被繁殖者用来做营养繁殖生产茎枝已有100多年。这些枝条的形成并非总是不定的（adventitiously），有时从树木早期形成的芽上长出，这些芽保持在被抑制状态或休眠态，也能采用部分环割法（partial girdling）、萌生林方法（coppicing）（欧洲古老的一种造林方法，即将成熟大树砍切仅留树桩使长出新枝条，若干年后一棵树形成多数矮生丛枝，译者注）或其他使植物受伤的方法将大树下部的这些休眠芽诱生茎枝。

5.自然恢复

一般讲花的形成是幼年期再启动（reinitiated）阶段。从花器的母本组织中肯定会发生返转而出现幼年态，因为合子胚（zygotic embryo）就是从花器官中衍生出的，但这与有性受精是无关的，因为无融合生殖胚（apomictic embryos）也能产生幼年的种苗，例如柑属（Citrus）植物的珠心胚（nucellar embryos）就能长出幼年植物。花序、花和胚具有幼年状态的一个有力证明即体外培养条件下它能重获形成不定枝和体细胞的能力，所以花器和未成熟的果实常常被选做外植体，因为它们在体外培养条件下有很好的反应能力。如 Jorgensen（1989）从树龄高达百年的欧洲七叶树（Aesculus hippocastanum，七叶树属，七叶树科，普通名：horsechestnut）收集的花丝上形成愈伤，从中又产生体细胞胚，进而产生的小植株（plantlet）也有幼年特性。

6.幼年期的诱导

（1）催生表面球茎的茎枝。

将针叶树（softwoods）大茎段放在可控条件下催生可长出茎枝。催生是这样做的：从木本植物切出25cm到≥2m长的主茎或侧枝，平放在合适的介质上如珍珠岩或蛭石，如是前者则放在有雾条件下，如是后者放置在实验室或温室内，然后使潜伏的侧芽不定芽伸长；如茎段是取自幼年锥（cone ofjuvenility）区内则可期望新茎枝会有幼年性状。这一点因种不同而异。经测试最佳催生环境是在间歇性喷雾下。但如所取外植体是以体外培养为目的，则间歇喷雾是不可取的，因那会造成微生物的高污染率。确切地说，如用于体外培养，即使浇水时也必须勿使水接触新生枝条。只有这样才能建立无菌外植体。

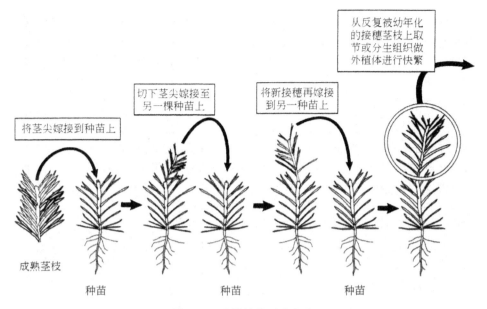

从反复被幼年化的接穗茎枝上取节或分生组织做外植体进行快繁

将新接穗再嫁接到另一种苗上

切下茎尖嫁接至另一棵种苗上

将茎尖嫁接到种苗上

成熟茎枝

种苗   种苗   种苗

图2-3 连续嫁接诱发复壮

此图示在裸子植物上采用的技术，同样方法可用于阔叶植物

  从大茎段催生茎枝可考虑从成熟植物切取幼年茎枝，因这样做比将树切断直接接近地面诱发带幼年特性的吸根（sucker）对植物损害要少得多，从幼年锥区域内取大茎段比从植株最靠外边部分取更成熟些的获得催生茎枝的可能性较大。

  用催生茎枝来繁殖的另一优点是至少是有些植物种比大田长的植物来的插条更易生根，如Fishel等（2003）报道，来自红槲栎（北红橡）下部茎段催生插条的生根好于来自大田树桩的抽条（fieldgrown stump sprouts），也好于地面上茎枝尖部1~4m的插条。Ledbetter和Preece（2003）报道，在间歇喷雾条件催生大茎段的茎枝比室外生长的栎叶绣球（llydrangea quercifolia，oakleaf hydrangea，八仙花属，虎尾草科）茎枝生出更多的根。上述两例可能说明在间歇喷雾条件下产生的茎枝比室外生长的插条更能适应有雾环境。

  （2）再生根和嫁接。

  将成熟的茎枝尖（shoot apex）当插条那样来生根有时可恢复部分幼年期或复壮，特别是重复生根几次，也就是取插条先靠自己的根短期生长后，再取其顶部再生根。

  将茎枝（特别是分离其尖部）嫁接到幼年期砧木上也能重新获得幼年期的状态。如该过程重复几次（several grafting）就能强化幼年期性状（见

图2-3）。这种成年茎枝通过嫁接的复壮是受幼年期砧木上叶片的刺激，但却受成年接穗叶片的抑制。成功的复壮还取决于接穗的成熟性不太强。因此，实践中常用小的茎枝尖做接穗进行一次或系列多次微型嫁接。Giovannelli和Giannini（1999）比较成熟的欧洲栗（Castanea sativa，栗属，山毛榉科，普通名sweet chestnut）和它的第四次系列嫁接的外植体的表现，前者茎枝增殖很差而且有50%表现茎尖坏死和死亡，而后者复壮的增殖良好，而且其微型茎枝（microshoots）比成熟外植体上的微型茎枝的生根要好。

7.黄化

在无光条件下发育的植物或植物的某部分是众所周知地称为黄化。这种处理方法还能改进来自成熟材料的外植体在体外培养的性能。如欧洲栗成熟期茎枝用该法处理可制备出有效的体外培养的外植体。五月下旬（早夏）将欧洲栗树上新长出的长10~15cm的枝条剥去叶片，枝条仍长在树上，用箔纸（foil）包起来。四个月后取出，做外植体用，不仅高比例地建立培养物（79%比对照22%），而且增殖速率很快。从这些结果可确认黄化作用会给成熟茎枝造成生理性的复壮，而黄化对种苗材料就不会产生这种有益效果。将此法应用在从重度剪修植物上新生幼年茎枝最为有效。

8.高温

高于正常温度的环境可促来自成熟植物材料的幼年枝条的生长。将成年接穗嫁接至幼年砧木上，并在27℃下生长，勿放较低温度下可显著地使加那利常春藤（hedera canariensis，常春藤属、常春藤科）成熟期枝条恢复到幼年期。将盆栽植物的盆底温度高于环境温度15℃可诱生幼年基部茎枝，此法对以下植物有效：

日本金缕梅（hamamelis japonica，金缕梅属，金缕梅科）；

二乔玉兰（Magnolia soulangeana，木兰属，木兰科，普通名saucer manolia）：

星花木兰（Magnolia stellate，普通名star magnolia）。

此法所得茎枝其复壮程度足以给组培工作提供适宜外植体。

9.植物生长调节剂的处理

给某些植物的成熟茎枝喷或注射细胞分裂素能诱导恢复到半幼年状态。此法处理也能增加母株的侧枝数，可从中取外植体。为了能获得充分复壮并用于组培的茎枝材料可在采用上述各处理方法，如采取插条、重修剪或嫁接等方法之前就先喷细胞分裂素。冬季收集狭叶白腊树（Fraxin angustifolia，白腊属、木犀科）的成熟茎枝，当在催生溶液（forcing solution）中分别放BA、NAA或GA3，结果含BA的新芽萌发率较其他两种生长素要高。不过应用细胞分裂素来刺激木本植物复壮并非总是有效。

有时给常春藤（hedera helix）成熟材料喷GA1、GA3或GA4+7，均能诱发幼年期生长。不过，因赤霉素处理母株对一些植物种建立外植体培养物的效果较差，如阿月浑子（Pistacia vera，黄连木属，漆树科）的分生组织，而且还造成外植体或插条不能生不定根，所以应慎用。给木本母株喷细胞分裂素和赤霉素的混合液来诱发幼年性的苗壮生长也是有效的。

10.植物生长阶段对组培的影响

很多木本植物在体外培养中建立幼年外植体培养物要比成年外植体容易得多。用木本植物的幼年材料快繁的成功实例比用成熟材料要多得多。成熟期外植体常产生更多的酚类物质，使培养基褐化、黑化。如黑胡桃（Juglans nigra）成熟期的茎枝或茎节外植体产生并释放酚类物质，将培养基氧化变暗褐、变黑；如不采取措施会自我中毒而亡。在此项研究中幼年外植体因外泌毒物而衰亡的仅占16%，而同样条件下成年外植体损失31%。克服此问题最佳方法是在头两周内每1~2天将培养物转接至新鲜培养基上。对黑胡桃即使外植体培养物已适应也必须每2周转一次。若每3周转一次则培养物会衰弱，若每月转移一次茎枝培养物不会存活很长。有的学者认为有必要将黑胡桃外植体基部剪修干净，在培养的头三个月期间每隔2天转接1次，此后培养物较易管理但也需每隔7天转接一次。

除影响建立外植体培养物外，相当成熟的外植体的主要影响总是针对培养物的组织和器官的生长和形态发生，所以用合子胚或来自发芽的种苗的某部才是形成胚或茎枝的可靠外植体。成熟的外植体一般都是很少有反应的。

文献中有大量实例证明来自幼年期的外植体在体外培养过程中反应最强，如兔眼蓝莓（Vaccinium ashei，blueberry，越橘属，杜鹃花科，兔眼蓝莓是从野生兔眼越橘V.ashei Reade选出的）的幼年期外植体在体外培养的存活率、生长速率都大大高于成熟期外植体。欧洲甜樱桃（Prunus avium，李属，蔷薇科）的茎枝培养其最快增殖率的外植体是来自成年树根出条（root suckers）。来自1~5年树龄的外植体成功地建立了培养物但增殖速率较低。来自成年的大树根本建立不了培养物。McCown（1989）报道，用桦木属（Betula）植物种的幼年的和成熟的外植体得到相似结果。成熟期培养物如时间允许则可以稳定下来，即在三年的体外培养中，每月都将组织继代获得较成熟的培养物，增殖效果好。这种现象可能是由于长期的体外培养成熟的桦木组织被复壮了。

11.复壮

Chevre和Salesses（1987）发现栗属（Castanea）植物如从种苗取茎尖做外植体可以在体外做茎枝培养来增殖，但如果是成熟期材料如日本栗×欧洲栗的杂种（C. crenata XC. sativa）就需先在层床中（in layer beds）进行复壮。Babu等（2000）从树龄7年的调料九里香[Murraya koenigii，因其叶有咖喱味，所以普通名称为咖喱叶树（curry leaf tree）]的根出条（root sucker）切取节部做外植体可发育成多个茎枝。Onay（2000）从树龄30年的阿月浑子（Pistacia vera）树上收集3～4cm长的末端木质化茎段（lignified stem sections），将茎段基部浸在44μmol/L BA溶液中24h后种植在温室内的砂/土混合苗床中，3周后10%的茎段很快长出茎枝，切取做体外培养，这些外植体30天后产生多个枝条。Bhojwani等（1987）从苗龄2年的南美稔

Feijoa sellowiana（南美稔属，桃金娘科）种苗上只取单节插条而不是侧芽和顶芽，体外培养能产生茎枝。随年龄变大，单节插条渐衰弱，只有3年的植株上来的12%的单节插条在体外培养中抽芽，可是从只有3年的萌生林（coppiced tree，coppicing trees）新长出来的枝条上取单节外植体，全都产生茎枝，但一旦萌生林枝条长了四个月，就丧失这种能力，枝条上幼嫩叶形也不见了，叶开始变厚、包被一层上表皮蜡（epicuticular wax）。

12.生根

常规的繁殖都知道来自成熟部分的插条比来自幼嫩的常更难发根。在体外培养中也看到这种现象，特别是来自新建立的节或茎枝培养物的茎枝。De Fossard等（1977）能使几种桉属（Eucalyptus）植物种的种苗节发根，但不能使来自成熟大树的节生根。Venkateswara（1985）虽能将来自巨桉（Eucalyptus grandis）的幼年的和成熟的节建立成茎枝培养物，但微型插条来自幼年茎枝的有60%生根而成熟的只有35%发根。

黑胡桃（Juglans nigra）快繁的微型幼年茎枝生根是可能的，但是很困难，如从1年的茎枝培养的300个微型插条生根只有1个发根了，而且在驯化期间死掉了。

也有例外：从苹果砧木幼年的和成年的外植体建立的茎枝培养所产生的茎枝都能生根，只是对间苯三酚的反应不同。同样地，糖槭（Acer saccharinum）的不论幼年的还是成熟的微型茎枝（microshoots）都能很好的生根。

13.愈伤培养物

有关愈伤的形态和习性研究说明了它的成熟态的细胞基础。来自同一植物幼年期和成熟期的愈伤细胞有着不同的特性并能始终如一地在体外培养中维持很长时间。常春藤（hederahelix，普通名English ivy）幼年期的愈伤是由较大细胞组成而且长速快，可不受限制地发根，而且较容易地发育出不同的细胞系，以上表现均是与成熟愈伤比较的结果。刺槐（Robinia pseudo-acacia，刺槐属、蝶形花科）、板栗（Castanea vulgaris）幼年组织

所得愈伤比来自成熟区的繁殖快。来自葡萄（Vitis vinifera）或葡萄×沙葡萄的杂种（V.vinifera×V.rupestris）种苗节间的愈伤能再生出不定枝，但不能从相似的成熟期外植体形成。

14.通过体外培养诱发复壮

成熟组织在体外培养的一个特性是经过一段时期的培养后材料变得容易控制和操作了。大多数研究者都认为培养材料在性状上的这种改变正是复壮的证据，如茎枝或小植株（plantlet）呈现植物幼年期生长的1～2种表型特征，如叶片较小、不定根形成能力提高等。

不过有些工作者虽认为这种幼年期是成熟期的全面逆转，但怀疑是否组培真能形成幼年态，因为有时候体外培养的小植株开花了而且常有组培植物比来自种子的种苗开花要早，因此有些人喜用另外一些词如"re-invigoration"（再活跃）或"apparent rejuvenation"（貌似复壮）。通过茎枝培养快繁的不同植物种的植物上所报道的幼年期性状是如此之多而又不尽相同，因此有人认为所发生的是部分复壮也是走向完全复壮的某种途径，而且幼年期的各个性状又是独立调控的。

生根能力增强至少是部分复壮的一个证明。来自成熟培养物微型茎枝的生根常常优于来自原初外植体的母株插条的生根。还有来自生根的微型茎枝的大插条常常生根优于来自传统法无性繁殖的植物。所以苗圃种植者常购买快繁植物做生产插条的母株。Plietzsch和Jesch（1998）比较了来自常规法培育的母株和来自快繁母株的插条生根情况。它们选择的是无性繁殖的木本栽培种而非种子繁殖的成熟期栽培种。如欧洲丁香（Syringa vulgaris，丁香属、木犀科）来自常规母株插条生根率为0～10%，而来自体外培养母株的竟高达85%；又如李属植物的一个变种或栽培种（Prunus "Kanzan"），其生根插条来源于常规母株生根率为0%，来自快繁母株的高达90%。不过这种现象可能仅是一种部分复壮的表现，因为用高岭樱（Prunus nipponica，李属，蔷薇科）的var. kurilensis的栽培种"Brillant"做材料：体外繁殖的植物，从体外培养的母株生根插条，从常规母株生根插条以及嫁接植物，所有这些植物繁殖5年后都开花了而且很旺盛。

（二）斜向性生长

木本植物的先导主茎是典型的垂直向上生长的[垂直性生长（orthotropic growth）]，而侧枝倾向近水平角度的生长即斜向性生长（plagiotropic growth）。成熟的被子植物一般有几条垂直生长的茎而大多数裸子植物只有一根。有些新西兰植物种（New Zealand species）的斜向性生长是一种适应，可使幼年期阶段植物在所占据场地内构造一个大根系，然后才出现高高的易遭风害的垂直生长的茎。

虽然木本植物在幼年期间就形成斜向性侧枝，如这些侧枝又做插条去生根，大多数植物又会重现直立生长的习性。成熟侧枝直立生长习性在一些阔叶树和灌木中如糖桉和咖啡植物种（Coffea spp.）特别是针叶树（conifer）中一贯如此。假若以某些针叶树侧枝长出的枝条做插条生根长成的植株，它的先导茎却保持平卧或尖端下倾 1 年或几年之后最终成为直立的。有时候斜向性生长表现为持久性的如南洋杉属植物种（Araucaria spp.）和北美黄杉（Pseudotsuga menziesii，又名花旗松）。在这种情况下只能从直立茎或有时从幼年枝条的插条去生根或取接穗去嫁接才能得到正常的植株。

大多数针叶树有侧枝斜向性的长期"记忆"，因大多数针叶树很快就表现出这种成熟性的外观。即使将母株材料做预处理如喷植物生长调节剂、嫁接和体外培养时重复转接，可使外植体重造很多幼年特性，但仍常发现有一定比例的起源于体外茎枝培养的年青树木，其先导性茎枝有斜生性习性，如火炬松（loblolly pine plants）有40%是这种情况。虽然有些植物种在大田生长2～3年后先导茎斜生性消失了，但茎枝伸展被拖延而且主茎长的扭曲又是商品性种植不接受的性状。斜生性严重限制了正常栽种植物的无性繁殖，这很可能是由于使用了斜生性的成熟期材料进行快繁造成的。如杉木（Cunninghamia lanceolarta，杉属、杉科）就是这种情况。如用幼年无性系的节为外植体，经体外茎枝培养所得植物中93%是垂直性生长，能与种苗长成的植物媲美，但外植体如来自成熟期无性系，只有基部侧枝为外植体才能有垂直性生长的后代。北美红杉（Sequioa sempervirens，北美红杉属、杉科）的情况有些不同，快繁所产生植物的斜向性生长和活力较差是某些无性系所特有性状，所以认为这是遗传因素造成的。

（三）顶端优势

无性快繁的主要目的就是促分枝（promotion of branching）、增殖侧枝。侧芽（或腋芽）的形成是从叶腋部分（axils of leaves）的分生组织长出的。侧芽功能是当茎枝顶端失去时，可替代它或补充茎顶端的不足而增加叶片数或展现花。生长素和细胞分裂素在调控顶端优势方面起重要作用。顶端应是生长素的丰富来源，如顶端被去掉可用外源生长素替代，与此相似的是施用外源细胞分裂素通常能刺激侧枝生长，分枝增多。但当完整的转基因植物体内生长素和细胞分裂素水平发生变化时，它们与芽的萌发就不一定总有这种相关性。

多年来有顶端优势的研究都是利用给植物施用外源植物生长调节剂。自20世纪80年代后期利用基因转化使转基因植物产生过量的或低于原有水平的生长素或细胞分裂素，才有可能研究内源激素水平改变的效应。当用IAAM基因[编码色氨酸–氧化物酶（tryptophan monoxygenase）]转化植物产生多出10倍的IAA和很强的顶端优势而且无分枝。当用IAAL基因[编码IAA–赖氨酸合成酶（IAA–lysine synrhetase）]时，该酶可使IAA与赖氨酸结合而失活，从而使游离的内源IAA降低，同时分枝增加。当用IPT基因转化植物[该基因编码异戊烯基转移酶（isopentenyl transferase）]时，细胞分裂素含量增加而植物分枝不受抑制。与此类似的工作有：将发根农杆菌的ROIC基因（该基因编码细胞分裂素β–葡糖苷酶）转入植物可增加游离分裂素含量从而降低顶端优势。但用豌豆突变株所做的研究是，分枝似乎除了与来自根部细胞分裂素信号有关系外，还与某些未被鉴定的信号相关。因此顶端优势的这种特异机制是如何仍尚待解决。

已知用侧枝增生来繁殖植物产生的体细胞变异少于用不定的再生（adventitious regeneration），特别是来自愈伤的不定器官。这是由于侧枝起源于叶腋处已预先形成分生组织。很多商业快繁厂家凡是怀疑为不定枝的培养物都会扔掉，但仍有很多苗圃拒购任何快繁植物就是由于不可接受的体细胞变异。

为得到侧枝，则必需最初外植体含1个或多个节。因此不论所用外植体是尖端分生组织还是茎尖或是茎段都应含至少一个节。为刺激分枝，培养基中应加细胞分裂素，应加何种特异细胞分裂素、浓度如何因基因型不同变化相当大。杜鹃花科（Ericaceae）的植物快繁时常加2–iP（isopentenyladenine）。最常用于侧枝增殖的是BA（benzyladenine）。如BA浓度使用恰当，会增生很多侧枝，并能伸长而无任何不定枝形成。TDZ（thidiazuron）是一种较新的细胞分裂素，它是苯尿素的替代化合物（substituted phenylurea compound）；已证明当BA和2–iP都无效时，它能刺激侧枝生长如糖槭（Acer saccharinum）。至于母株顶端优势和侧枝增生之间似乎不存在某种明确的关系。例如幼年植株常常比成熟植株长得快且有较强的顶端优势，可是来自幼年植物的茎枝外植体一般侧枝的增生比来自成熟植物的要多。培养基中的细胞分裂素似乎比所选择基因型所固有的分枝习性更具有决定性因素。

有很多实例，细胞分裂素浓度或类型不是最适的，体外培养的植物种就是不分枝，只是伸长，此时常用的解决方法是将茎枝切成单节段，将它们继代，每节外植体会形成一个侧枝来伸长。虽然这种方法不像从每个外植体增生侧芽那样有效，但有时会用于某些植物种的商品性快繁。从自动化角度看，自动切割、操作单节外植体上单个侧枝的伸长效率比操作来自每个外植体上的一堆侧枝的效率更高。

（四）休眠

很多温带植物种的种子和芽当生长条件不利时如进入冬季就要经过休眠期，在此期间它们不会发芽和生长。这样植物能抵抗不良生长环境直至气候变好。休眠 [内在休眠（endodormancy）] 可以被芽或种子内的一些因素所调控，如激素或未发育的组织，或由外包被的种皮或芽鳞片（seed coat or bud scales）可机械地或化学方式地抑制生长。环境因素如不适湿度、干旱或光照条件能造成外源性休眠 [ecodormancy，也称静止（quiescence）]，这些比内在或内源性休眠较容易克服，因一旦环境条件变适合了就可以生长。

Khan（1971）在他的经典研究中证明赤霉素、脱落酸（ABA）与细胞分裂素之间的相互关系可调控内源性休眠是维持状态还是被克服。显然打破休眠是需要赤霉素的。没有赤霉素就需要产生水解酶，如 α-淀粉酶（α-amylase）不产生，休眠就会维持。即使赤霉素有足够量，但有ABA的存在会抑制赤霉素所诱导的水解酶基因的转录，结果休眠仍会维持。假若赤霉素和ABA两者都有足够的活性，此时有细胞分裂素存在就可克服ABA的抑制作用而克服休眠。多年来大量研究已肯定赤霉素、ABA和细胞分裂素三者的这些效应。

近年来有关休眠的研究集中在与休眠起始、维持和打破方面相关的分子生物学方面。这些研究使用了分子生物学、遗传学方面的新技术，如

AFLP（amplified restriction fragment length polymorphisms），扩增限制性片段长度多型性；

cDNA libraries，互补DNA文库；microsatellite markers，微卫星DNA标记；

RAPD（random amplified polymrorphic DNA），随机扩增多态性DNA；

RFLP（restriction fragmentlength polymorphisms），限制性片段长度多态性；

数量性状基因座位作图，简称 QTL 作图法 [mapping using QTL（quantitative trait loci）]，可进行遗传学方面的研究。如杨属（Populus）植物种的芽形成和萌发由遗传所调控，而且在该属内不同植物种之间变化很大。Howe 等（1999）检出很多影响芽形成和萌发的 QTL，也测定在靠近这些QTL 的地方是否有造成内源性休眠的特异基因的候选者。在候选基因中有光敏色素基因（phytochrome genes），即 PHYA-PHYE。研究植物光敏色素

是很有道理的，因为它是红光和远红外光（far-red）的受体，而且光周期（photoperiod）对很多植物休眠的诱导和打破密切相关。赤霉素生物合成的有关基因也正在研究，因为它在休眠方面起重要作用。

Rowland 等（1999）研究蓝莓可控杂交（controlled crosses）和调控需寒冷芽（chillingrequirement ofbuds）的 QTL 作图，并根据 RAPD 绘制基因连锁图谱等提出两基因模式（two-gene model）来预测需寒冷芽的分离比例（segregation ratios）。根据该模型认为相关基因有同等的和叠加的效应（additive effects）。将这些基因克隆并作图就能确定这些基因是否与调控蓝莓需寒冷芽的 QTL 图谱的基因座相关。

一般说，从充满活力生长的母株采取外植体是最容易建立快繁的培养物。收集外植体的最佳时候是母株正在长出新而充满活力的茎枝之时（在温带地区应是春天到早夏期间），但也遇到过不少例外。所以，收集采取外植体的最适时间还要根据组培的培养类型、所用材料的特定基因型以及不同季节外植体的相对污染量和褐化程度来确定。

用休眠芽做外植体主要不利的是芽内有微生物。很多植物休眠芽外层鳞片可群集多种真菌和细菌如槭属（Acer）、七叶树属（Aesculus）、桦木属（Betula）、水青冈属（Fagus）、杨属（Populus）、栎属（Quercus）和榆属（Ulmus）中的植物种。此外，还有椴树属（Tilia）和白蜡树属（Fraxinus）植物的芽内部发现有微生物。虽测试了各式各样方法清除美国白蜡树（F.americana）休眠芽但仍是100%培养物被污染（Preece等人未发表资料）。不过从这种芽中将尖端分生组织（apical meristems）分离出来进行消毒灭菌，不会杀伤分生组织。

尽管如此，从某些植物种的休眠芽中获得干净培养物是可能的，因为它们处于休眠状能耐受严格的消毒处理。事实上，可以把芽在乙醇中浸蘸或用火燎，不会有严重伤害。一般做法是将活跃生长的外植体放在含湿润剂的0.5%~1.0%次氯酸盐（hypochlorite）溶液中30min，接着用无菌蒸馏水漂洗。有时也可以在用次氯酸盐处理前先在70%乙醇中短期浸蘸。Rossi等（1991）处理豆梨（Pyrus calleryana，梨属、蔷薇科）带休眠侧芽的茎段是用3%次氯酸钠20min，仅有20%是污染的。Shevade和Preece（1993）处理于冬季11月至翌年2月大田生长的杜鹃花芽，用双消毒法：整个芽放在含吐温20（Tween20）的0.5%NaOCl中15min，接着用无菌水漂洗后，在无菌条件下拿掉芽的外层鳞片露出包被小花（floret）的白色薄鳞片，用上述同样方法再做一次表面消毒。野黑樱（又称美国黑樱桃）（Prunus serotina，black cherry）冬季2月份开始即收集茎枝芽，先在自来水流水中冲洗th，接着用苯菌灵（benomyl，杀真菌剂）浸泡10min. 然后在0.5%NaClO中20min，最后漂洗。在无菌条件下除去芽鳞片再放在浓的过氧化氢（hydrogen peroxide）溶液中10~30s，然后漂洗。

也曾有过另外一些情况，如将外植体从休眠植物体上切割下来，则外植体在体外培养下很难建立成可繁殖的培养物。Norton和Norton（1989）就遇到过这类困难，如在冬季开始做杜鹃花茎枝培养，当时母株生长得不旺盛。如从冬季12月初至翌年5月从大田种植的李属"Accolade"栽培种的分生组织，虽然建立了可培养的茎枝但其分生组织产生的茎枝上叶片呈丛状、莲座型（rosette），而且这种比例不断增加。春季或早夏切取马铃薯芽生根就比当年晚期取的芽好（Mellor和Stace-Smith，1969）。在春季三月份切取欧洲栗（Castanea sativa）插条做体外培养，产生愈伤的比例比冬季十二月份切取的比例高很多。可是如采自栗属的杂种植株十二月份所采插条形成愈伤的比例却较高，而最差的比例是7月份采的外植体。

1.一般规律的例外

虽然取外植体最佳时候一般与母株旺盛生长期是吻合的，但并非永远如此。如郁金香"Hageri"取其小鳞茎（bulblet）在体外培养最佳是在5月份，当时也是母鳞茎生长旺盛之际，但"Apeldoorn"最佳时候是8月份的收获期。郁金香"Merry Widow"如从休眠鳞茎取外植体，鳞茎形成的不成熟的花梗部分能直接产生不定芽，一旦鳞茎已进入活跃生长阶段则产生茎枝能力实际上已消失了。愈伤可继续形成，但一旦花梗开始活跃地伸长则愈伤也就不会产生了。麝香百合或美丽百合（Lilium speciosum）在春、秋两季从其鳞叶（scale leaves）基部切取柱状体，可形成不定芽，若在夏季或冬季取外植体根本长不出任何东西。

2.温室和培植室内的植物

最初采取外植体是从被防护的环境下生长的植物体上取生长旺盛的茎枝。只要材料上有裂口或小裂缝正是真菌和细菌存活的地方，表面消毒要达到这些地方是很难的。因此从大田生长的母株来的外植体消毒成功率比来自温室生长箱或其他有防护的环境要差，这很可能是由于雨水、风尘击打着大田植物带来各处微生物并创造了有益于它们的生存环境。

坦率地说，上述含意并不意味凡在温室或培植室内生长的植物表面就没有微生物。常规的培养方法和操作起重要作用，比如浇水时应小心远离植物地上部分，只浇土壤或培养基质。

3.多年生温带木本植物茎枝的催生

很多木本植物不是太大就是深深地长在土壤里，而不能移到温室或培植室里栽植。因此在温带区当植物休眠时常常需要将茎尖或茎段拿到室内或温室环境下促生新茎枝，然后将新生茎枝切下，表面消毒后用做外植体。尽管不同植物种有差别，但这种外植体往往是相对无污染的，而且也比春、夏季所采外植体更容易建立可培养物，同时也不太容易产生黑色多酚类分泌物。

不同厂家可能在技术方面有不同，有个共同的方法是从落叶树和灌木上切取20～25cm长的茎段，浸泡在含0.78%NaOCl+吐温20的漂白溶液中15min。漂白消毒比不消毒茎尖更能加强芽的萌发。实际上Yang和Read（1992）就报道了，如茎段在催生前先在漂白溶液中泡15min比未经这样处理的芽萌发得快，伸长的芽更多，茎枝伸长得也快。如将茎枝浸在含200mg/L常用于保存鲜花8-羟基喹啉柠檬酸盐（hydroxyquinoline citrate，8-HQC）、蔗糖、硫代硫酸银，有时还加植物生长调节剂的容器中，则茎枝基部切口可保持新鲜。

Arrillaga等（1991）四月份从树龄30年的欧亚花楸（Sorbus domestica，花楸属、蔷薇科）切取无叶茎枝，放在含10%苯菌灵（benomyl）溶液的罐子中，同时喷洒44.4μmol/L的BA溶液促侧芽生长。10～15天后将收获的茎枝做体外培养，所得茎枝体外培养的样子与来自幼嫩外植体的相似。

还有个与此相关的技术，即收集3～4cm长末端木质化茎段，将切口端浸在植物生长调节剂溶液中，放在温室基质，在温室24h光周期促生，Onay（2000）对树龄30年的阿月浑子（pistachio）就是如此处理的。当新枝条长出足够大时切取，表面消毒，做体外培养。

从成熟木本植物切取茎尖、促生新枝有两大缺点：一是这些枝条来自植株最成熟部位，它们不可能很快得到复壮；其二，有些难对付的植物种，茎枝会伸长但很快衰弱，长的不够长无法取用。黑胡桃（Juglans nigra，又称Eastern black walnut，东方黑胡桃）就是这种情况。它的顶芽伸长了，当长至1～2cm长时就萎蔫、衰亡（Khan和Preece，未发表资料）。这似乎与采收月份无关。不过Read和Yang（1987）在11月下旬采收齿栗（Castanea dentata，又称American chestnut，美国栗）茎枝并在4.5℃下储存不同时间，储存45天的长得不好，低于45天的也不好，75天或75天以上的长得好也伸长了，150天的伸长得最好。

促生来自幼年锥区内茎枝的一种方法是以树干上较大枝的基部或灌木基部取较大茎段。Vieitez等（1994）比较了不同来源带叶茎枝外植体建立培养物的情况：一是从老茎段绽发的带叶茎枝；二是去年生长的；三是当时季节正生长的百年树龄的夏栎（Quercus robur）。结果是，当年的和去年的都未能成功建立起茎枝培养，成功的却是从老茎段绽发的新枝条。同样的用70～300年的老橡树来建立茎枝培养也是从老茎段上来的新枝条。

（五）另外一些处理母株的方法

外植体来源植物称母株（stock plants，mother plants），其个体发育和生理对外植体在体外，，培养中的各种反应具有深刻影响。体外培养结果，既受对母株的各种管理、处理方法的影响，也受其生长环境条件的影响。一般认为最佳外植体应来自健康茁壮植物，而且一直保持活力旺盛地生长，不受任何逆境影响，当然，还有另外一些影响因素。

1.营养

最适于体外培养的外植体应来自得到适宜的矿物营养的母株Barker等（1977）体外培养桉树类（Eucalyptus）成熟的节，最成功的是来自健康、浇灌和施肥都很好的母株。Debergh和Maene（1985）发现用高浓度Mg处理琴叶榕（Ficus lyrata）可增加叶外植体上茎枝的形成，可是N、P、K却无影响，高水平Ca减少茎枝的形成。假若木瓜（papaya）母株一直供给好的水肥，则外植体在培养中反应强。番茄母株的N营养可影响其叶外植体不定枝的形成，高水平氮可得更多茎枝。但以后工作却又证明无论供番茄母株很低或是很高的无机氮，从外植体叶片再生茎枝数都降低了。也发现N和K的营养会影响几种柳属（Salix）无性系组培的结果。

2.病害情况

一般只要有任何一种植物病害存在都是拒绝成为母株的理由，因侵染性微生物很容易造成培养物的死亡，也许是使培养物衰弱或有其他负面影响，也可能传染至快繁的植物。Greno等（1988）发现几种柑属（Citrus）植物的茎枝培养被病毒或病毒样（virus-like）的影口向：柑橘速衰病毒（Citrus tristeza virus，CTV，线形病毒）、柑橘侵染性杂色病毒[Citrus infectious variegation virus，CIVV，等轴不稳环斑病毒（Ilarvirus）]、柑橘鳞皮病毒（Citrus psorosis virus）、柑橘叶脉突病毒（Citrus Veinenation virus）、柑橘恶性病变类病毒（又称木孔病类病毒）（Citrus cachexia viroid CcaV）和柑橘裂皮病类病毒（Citrus exocortis viroid）。一般情况是母株被侵染其茎枝的数目和大小都降低。同样，被侵染的体外培养物所产生的侧枝以及最终所得植株数目均比健康的低。植物被侵染后的实际反应是不同的，这取决于寄主植物和病原菌两方面的因素。有些寄主感染病原菌不引起外观变化，无可见病状，所以Greno等（1988）认为这种潜隐病毒的侵染给确定某些多年生植物快繁的标准流程造成了困难，同时也很难确认最终所得植物变异的问题。

3.植物的修整

修剪母株来诱生幼年茎枝问题已在本章前面描述。当茎枝培养开始时，也要修剪老的草本和木本植物，益于得到有生气的新茎枝并带有年幼、较小和少污染的芽。修剪母株也可用来调整茎枝旺盛生长的时间，增加收获时茎枝的数目，而且这也是母株管理工作。修剪母株的另一结果是能得到更想要的外植体大小。Debergh和Maene（1985）报道天南星科（Araceae）不同成员的侧芽发育得太好而又太大不适合体外培养，但修剪后的新发茎枝的芽较小易于操作。Preece（1987）报道将番茄母株打顶（decapitation）会降低叶外植体在体外培养时的生根和干重，在母株修剪后8天内从母株切取的叶外植体都有这种表现。

4.光照

光的光子流通量（photon flux）、光波或光周期会使母株有些变化，这些光因素也能影响组培外植体的生长或形态发生。

（1）光子流量。

桉属（Eucalyptus）植物单节外植体要得到茎枝的生长最有效的方法是将母株生长在22℃和12h的强光照下。不过番茄母株生长在低光照下其原生质体（protoplasts）产量最高。假若天竺葵属（Pelargonium）叶柄外植体的母株一直生长在$2.5W \cdot m^{-2}$而不是$11.6W \cdot m^{-2}$或$23.0W \cdot m^{-2}$辐照度（irradiance）下，则生长在含N和蔗糖培养基上的叶柄生根数是最高的。Read和Economou（1987）发现杜鹃花母株（azalea）给低的光辐照度其微型插条（microcuttings）的生根比母株接受高光子流量的好。但也有如下的报告：来自强光照下生长母株的微型插条可能是加强其生根，也可能是抑制其生根。看来生根反应似乎因植物种不同而异，是种特异的。

（2）光波长。

矮牵牛杂交种（Petunia hvbrida）植株的分枝，通过植物光敏素系统是能改变的。如植物生长在每天10h白光、最后30min红光则植株矮有分枝；又如光周期后给30min远红外光（farred）则植株高，而且是单个茎枝。从接受红光的母株切取叶圆盘（leaf discs）易产生鲜重和干重都较重的愈伤，而且不定枝也比来自接受远红外光的母株多很多。体外培养过程中这种在生长和分化上的差别很可能与这两组植物体内自然生长物质的改变有关。接受远红外光的植物的游离IAA比接受红光的高。

（3）光周期。

Hilding和Welander（1976）发现诱生丽格秋海棠或玫瑰海棠（Begonia hiemalis）叶柄外植体形态发生最有效的生长素和细胞分裂素的组合取决于母株是在长日照还是短日照下生长。如从生长在光周期15～16h/d、

18～20℃下的植物切取叶柄只产生不定枝和根，如来自7～8h/d、15℃下生长的植株则无形态发生。Simmonds和Nelson（1989）用同一植物种得到相似结果。与此相反的结果是，Dunwell和Perry（1973）发现来自光周期8h强光照下普通烟（Nicotiana tabacum）母株的花药在体外栽培时产生的单倍体植物数最多。

5.温度

扭果苣苔属（Streptocarpus）母株生长在12℃而不是18℃或24℃它的叶圆盘外植体可产生较多的茎枝和根。丽格秋海棠母株在培植室内15℃而不是18℃或21℃其外植体形成的茎枝和根最多。当外植体来源的植株长在温室内，其形态发生的最适温度取决于切取外植体的季节不同而异：10月份是18℃，12月份是15℃，2月份是21℃。鳞茎储存温度和时间长度能影响以后体外培养的不定小鳞茎的产生。麝香百合（Lilium longiflorum）鳞茎储存少于110天的比储存更长时间的鳞片外植体能产生数量少但较大的小鳞茎（bulblets）。储存温度对以后小鳞茎大小的影响也在风信子属（Hyacinthus）植物上得到证明：来自储存在5℃35天鳞茎上的外植体比储存在同一温度但时间长于35天的产生较大量的小鳞茎。

将洋葱鳞茎种在18℃的温室内生长，当开始结实时移至生长箱内，温度10℃或15℃。从非授粉胚珠（nonpollinated ovules）建立胚发生培养（embryogenic culture），结果是母株在15℃生长的比在10℃下的胚发生增多10倍。

6.植物生长调节剂的预处理

用植物生长调节剂处理母株对外植体在体外培养中的表现是有影响的，给它喷赤霉素和/或细胞分裂素常某种程度地影响木本植物的复壮（rejuvenation）或再活化（re-invigoration），可使原来不能培养的外植体能培养，且常诱发侧芽萌发，增加茎枝数，从这些枝条又可再采取外植体。

施用植物生长调节剂的一个方便方法是从落叶木本植物切取无叶枝条，放到有调节剂的催生溶液（forcing solution）中或在催芽生长前浸泡。Read和Yang（1987）报道将山梅花属植物（Philadelphus，绣球科 Hydrangeaceae）和革木属植物（Dirca，瑞香科 Thymelaeaceae）的茎尖于早春放在 BA 溶液中可增加茎枝增生。Yang和Read（1993）将 Vanhoutte's spirea（白花绣线菊、绣线菊属 Spiraea）的休眠茎放在含 BA 或 GA，的溶液中，如溶液中含 44.4μmol/L BA 的比 4.4μmol/L 的产茎枝的外植体比例，或每外植体上的茎枝数都是较高的，如 GA3 浓度从 2.9μmol/L 增加至 145μmol/L 则产茎枝的外植体数降低。若催生溶液中有 GA3 对美洲栗（American chestnut=Castanea dentata）和七叶树属（Aesculus）的茎枝培养的表现毫无影响。Preece（1987）和 Preece（1984）等报道：用赤霉素预处理番茄母株能抑制以后用 BA 培养其叶外植体形成不定枝和生根。

将30年的阿月浑子大树（Pistacia vera）木质化茎基部用44Umol/L BA 或用49μmol/L BA处理24h。然后将茎枝种在花盆，在温室内生长。茎枝只从用BA处理过的茎上长出并在体外培养中建立培养物且增生微型茎枝。DonKers和Evers（1987）将悬铃木或二球悬铃木（Platanus acerifolia，悬铃木属、悬铃木科）新发出的茎枝喷以200μmol/L BA的50%乙醇溶液，则某些芽长出茎枝增生率显著增加。

用细胞分裂素做预处理也影响不定枝的形成。Economou 和 Read（1980）发现如矮牵牛叶片在 1.78mmol/L BA 溶液中浸蘸 30s，则以后该叶片段在无 BA 培养基中培养时，不定枝的发育也不受抑制。Oka 和 Ohyama （1981）将桑树（mulberry）的种苗母株或体外培养茎枝用 BA 预处理则叶外植体可形成不定芽。

De Langhe和de Bnujne （1976）发现，番茄母株用矮壮素（chlormequat chloride）做预处理可促进茎枝外植体形成茎枝能力，如该化合物放在培养基中则无作用。之后Read等（1978，1979）确认了该观察。如大丽花属（Dahlia）植物叶外植体母株生长在短日照下或喷了2500mg/L的B9生长抑制剂（daminozide）溶液，则增加叶外植体形成愈伤的量。

如小麦植株用喷洒2, 4-D和几种其他的除草剂做预处理，处理时间如在胚发育的第一个星期内可使以后从胚形成多个茎枝。这种现象好似出现在自然环境下整株植物（inivo）不定胚形成过程中。

三、物理环境的影响

（一）培养基的内涵

培养基是指产生细菌的生长，繁殖，代谢和合成所需的营养物质混合物。培养基不仅为微生物提供了必要的营养，而且为微生物的生长创造了必要的生长环境。[1]在发酵生产中，人造制剂培养基的组成和比例是否合适，微生物的生长发育，产品的产量，精制过程的选择以及成品的质量都会有很大的影响。根据微生物的营养需求，微生物的生长需要碳，氮，无机，水，能量和生长因子，而需氧微生物也需要氧气，这在制备和选择培养基时必须考虑。工业生产的选定培养基通常称为发酵培养基，还应能促

[1]秦静远.植物组织培养技术 [M].重庆：重庆大学出版社，2014.

进微生物产品的合成必需成分，这些成分构成了培养基的原料，这些原料需要保证源源丰富，价格低廉，品质好和稳定性要求。中药是指产生细菌的生长，繁殖，代谢和合成所需的营养物质混合物。培养基不仅为微生物提供了必要的营养，而且为微生物的生长创造了必要的生长环境。在发酵生产中，人造制剂培养基的组成和比例是否合适，微生物的生长发育，产品的产量，精制过程的选择以及成品的质量都会有很大的影响。根据微生物的营养需求，微生物的生长需要碳，氮，无机，水，能量和生长因子，而需氧微生物也需要氧气，这在制备和选择培养基时必须考虑。工业生产的选定培养基通常称为发酵培养基，还应能促进微生物产品的合成必需成分，这些成分构成了培养基的原料，这些原料需要保证源源丰富，价格低廉，品质好和稳定性要求。

培养基是发酵工业微生物有效利用营养物质、满足自身生长和发酵产物产出必须重视的研究内容，它对利用微生物获得和生产发酵产品并提高其产量和质量有着极其重大的意义，是决定发酵生产成功与否的关键性重要因素之一。在发酵工业生产中，如何有效地控制微生物的生长及其代谢产物的合成，提高微生物的生长速率和代谢产物的合成速率，使得从微生物到发酵产品的整个发酵培养过程更为经济有效，务必充分掌握微生物的营养特性，确定微生物的培养条件，即合理设计发酵工业培养基，达到发酵工业利用微生物有效生产发酵产品，并满足获得的发酵产品低成本、高产出的目的。

不同的菌种和不同的发酵产品对培养基的要求不同，发酵工业培养基的设计和优化也应有所不同，这就要求我们在选择培养基时充分考虑各种相关因素的影响和制约。根据菌种特性、培养目的、目的代谢产物的分子结构及其生物合成途径、原材料的来源及成本等，在详细了解发酵培养成分及原材料特性的基础上，结合具体微生物和发酵产物的代谢特点，合理选择和优化培养基的成分配比。

有关发酵培养基的设计，目前虽然可以从微生物学、生物化学、细胞生理学中找到理论上的阐述，但具体产品在培养基设计时会受到各种因素的制约。对发酵培养基的设计，包括两方面的内容：一是对发酵培养基的成分及原辅材料的特性有较为详细的了解；二是在此基础上结合具体微生物和发酵产品的代谢特点对培养基的成分进行合理的选择和优化。

总之，为了选择好工业生产所用培养基，以下将从培养基的组成、培养基的成分、培养基的种类与选择等方面进行详细阐述，以便能使培养基更好地被微生物所利用，为工业发酵产物生产服务。长因子、促进剂、前体和水等几大类划分。由于微生物种类、生长阶段、工艺条件及发酵产物等的不同，所要求使用的培养基也是不同的，这些都将是培养基配制时需要考虑的因素。培养基组成对菌体的生长繁殖、产物的生物合成、产品的分离精制乃至产品最终的质量和产！量都有重要影响。人们按照不同培养阶段的微生物生理学特性提供培养基适宜的碳水化合物及含有蛋白质、氨基酸、维生素和无机元素的有机化合物，以满足菌体生长和产物合成的需求。有的品种的发酵培养基是合成培养基，如谷氨酸发酵培养基，大多数品种使用的都是复合培养基，如核黄素、青霉素等发酵培养基。构成每种培养基所使用的原材料品种和剂量都是不同的。

（二）培养基的成分

1.碳水化合物

葡萄糖、蔗糖、麦芽糖、乳糖、糊精、淀粉等糖类物质是植物组织容易利用的碳源。蔗糖使用浓度在2%～3%，常用3%，即配制1.01培养基称取30g蔗糖，有时可用2.5%，但在胚培养时采用4%～15%的高浓度，因蔗糖对胚状体的发育起重要作用。不同糖类对生长的影响不同。从各种糖对水稻根培养的影响来看，以葡萄糖效果最好，果糖和蔗糖相当，麦芽糖差一些。不同植物不同组织的糖类需要量也不同，实验时要根据配方规定

按量称取，不能任意取量。高压灭菌时，一部分糖会发生分解，制定配方时要给予考虑。在大规模生产时，可用食用的绵白糖代替。

糖蜜是制糖厂生产甜菜或甘蔗的结晶母液，是制糖生产的副产物，主要含蔗糖、无机盐和维生素等，其中蔗糖含量占主导，总糖含量可达50%～75%。过去糖蜜是作为制糖工业的废液处理的，现在发酵工业把它作为一种营养丰富的碳源使用。糖蜜的品质因不同产地、不同产区土质、不同气候、不同原料品种、不同收获季节、不同制糖工艺而有很大差异。因此，不同糖蜜的含糖量、蛋白质含量及灰分等是不同的。

麦芽糖也是一种常用的碳源。麦芽糖是2分子葡萄糖以α-糖苷键缩合而成的双糖，是饴糖的主要成分。大麦经发芽制成麦芽，除了含淀粉外，麦芽还含有许多糖分。麦芽汁也可以由发芽的其他谷物制备得到。

糊精、淀粉及其水解液等多糖也是常用的碳源。糊精是α-淀粉酶降解淀粉的产物，经喷干而成。利用淀粉可以克服葡萄糖代谢过快产生的弊病，同时其来源丰富，价格也比较低廉。常用的淀粉有玉米淀粉、小麦淀粉、燕麦淀粉和甘薯淀粉等。玉米淀粉及其水解液是抗生素、核苷酸、氨基酸、酶制剂等发酵生产中常用的碳源，小麦淀粉、燕麦淀粉等常用在有机酸、醇等的发酵生产中。表2-1所列是常用的碳源及其来源。

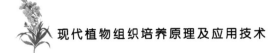

表2-1　常用的碳源及其来源

碳源	来源	碳源	来源
葡萄糖	纯葡萄糖、水解淀粉	淀粉	大麦、花生粉、燕麦粉、黑麦粉、大豆粉等
乳糖	纯乳糖、乳清粉	蔗糖	甜菜糖密、甘蔗糖密、粗红糖、精白糖

2.氮源物质

凡能提供微生物生长繁殖所需氮元素的营养物质或培养基原料，称为氮源（nitrogen source）。

氮源物质主要功能是构成菌体细胞结构（如氨基酸、蛋白质、核酸等）及合成含氮代谢产物。在碳源不足的时候，也可以用氮源为微生物提供能源。常用的氮源有两大类，即有机氮源和无机氮源。[1]

与碳源类似，植物能够利用的氮源种类范围也明显比动物或植物的广。一般地说，异养微生物对氮源的利用顺序是："N. C. H. O"或"N. C. H. O. X"类优于"N. H"类，更优于"N. O"类，而最难利用的氮源则是"N"类（只有少数固氮菌、根瘤菌和蓝细菌等可利用它）。在各种微生物培养基中，实验室最常用的有机氮源是蛋白胨（由动、植物蛋白质经酶消化后制成）、牛肉膏（牛肉浸出物）、酵母膏、植物的饼粕粉（如豆饼粉）以及玉米浆等；无机氮源有硫酸铵、硝酸铵、硝酸钠等；而在工业上常用黄豆饼粉、花生饼粉和鱼粉等作为培养基中的氮源。

有机氮源中的氮往往是蛋白质或其降解的产物，其中含有的游离氨基酸可以被微生物直接吸收而参与细胞代谢，而蛋白质、多肽等成分还需要经微生物菌体分泌的胞外酶水解后才能利用。因为花生饼粉和黄豆饼粉等有机氮源中的氮主要以蛋白质等大分子的形式存在，微生物需要分泌相应的水解酶才能利用，所以，被称为"迟效氮源"。而硫酸铵、硝酸铵、玉米浆等小分子氮源，易被微生物细胞迅速吸收利用，则被称为"速效氮源"。

当以无机氮盐为唯一氮源培养微生物时，培养基会表现出生理酸性或生理碱性。如以（NH_4）$_2SO_4$为氮源时，NH_4^+被微生物利用后，培养基的pH会相应地下降，所以，（NH_4）$_2SO_4$.有"生理酸性盐"之称；以KNO_3为氮源时，NO_3^-被利用后，培养基的pH会相应地上升，所以，KNO_3有"生理碱性盐"之称；而利用NH_4NO_3为氮源，可以部分避免pH急剧升降，但

---

[1] 张彩霞.林木组织培养技术 [M].西安：西北农林科技大学出版社，2010.

是，由于 NH_4^+ 吸收快，NO_3^- 吸收滞后，培养基的 pH 也会先降后升。因此，为了避免培养基 pH 大的起伏给微生物的生长和代谢带来不利的影响，在相应的培养基配方中应加入能够缓冲 pH 的物质，如缓冲离子对等。

3.生长因子

广义地说，凡是微生物生长不可缺少的微量有机物质都称为生长因子（又称生长素），包括氨基酸、嘌呤、生物素、嘧啶、维生素、肌醇、对氨基苯甲酸等，狭义地说，生长素仅指维生素。其需要量极少，但却不能缺少，否则菌体不会生长。生长因子的主要功能是构成辅酶的组成部分，促进细胞代谢活动的进行。

维生素是所发现的第一类生长因子，大多数维生素是辅酶的组成成分。生物素是含硫原子的一元环状弱酸，是细胞膜脂质合成途径中的重要辅酶，生物素不足，会造成细胞膜合成不完整，细胞内容物渗漏。工业生产中一般由玉米浆或豆浆水解液提供生物素。贲松彬等人在蛹虫草液体发酵过程中添加对蛹虫草生长影响较大的3种碱性氨基酸，单因素试验观察组氨酸、精氨酸、赖氨酸对蛹虫草菌丝体生物量和虫草素含量的影响，如图2-4所示。

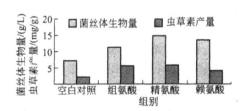

图2-4　氨基酸种类对菌丝体生物量和虫草素产量的影响

潘春梅等人利用维生素促进剂对发酵生产辅酶 Q_{10} 的发酵过程影响的研究，采用单因子考察硫胺素（维生素 B_1）、核黄素（维生素 B_2）、泛酸（维生素 B_3）、烟酸（维生素 B_5）、生物素（维生素 B_7）、叶酸（维生素 B_{11}）、（氰）钴胺素（维生素 B_{12}）和维生素C对辅酶 Q_{10} 发酵的影响，结果如图2-6所示，由图2-5可知，与其他维生素相比，维生素 B_1 对辅酶 Q_{10} 的合成起明显促进作用。当维生素 B_1 添加量为10mg/L，辅酶 Q_{10} 产量和细胞内辅酶 Q_{10} 含量分别达到47.8mg/L和3.30mg1gDCW，比对照组分别提高25%和20%。维生素 B_1 是影响细胞生长、限制性浓度范围时，糖酵解速度变慢，而增加维生素 B_1 的浓度，磷酸戊糖途径逐渐被激活，细胞生长和葡萄糖消耗速度加快，可能会间接影响到辅酶 Q_{10} 的合成。

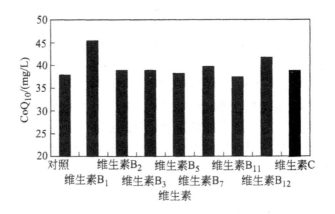

图2-5 各种维生素对辅酶Q_{10}发酵的影响

4.水分

水分是植物生命活动的必要条件，植物细胞组成不可缺少水，细胞质量的绝大部分是水分，细胞内所进行的各种生物化学反应，均以水为溶剂。水是微生物细胞的重要组成部分，水除了直接参与细胞内的某些生化反应外，吸收、渗透、分泌、排泄等作用都是以水为媒介的。水的热容量较大，可以有效控制或调节细胞的温度。在缺水的环境中，植物的新陈代谢发生障碍，甚至死亡。细胞中水的主要作用包括：

①是构成菌体细胞的主要成分。

②直接参与微生物的某些代谢反应。

③代谢产物和氧气只有先溶于水，才能参与反应。微生物尤其是单细胞微生物，由于没有特殊的摄食器官和排泄器官，其营养物质的传递吸收、代谢产物的排泄及氧气的利用必须先溶于水，才能够通过细胞表面进行正常的生理代谢。水分是机体内一系列生理生化反应的介质。

④此外，由于水的比热容高，又是一种良好的热导体，因此，不仅能够有效地吸收代谢过程中产生的热量，还有利于热量的散失，可起到调节细胞温度的作用。

生命来自于水，细胞中水的含量最高，通常占细胞总量的70%～80%。细胞中的所有反应都是在水中进行的，所以水是细胞生命的活动介质。配制培养基母液时要用蒸馏水，以保持母液及培养基成分的精确性，防止贮藏过程发霉变质。大规模生产时可用自来水。但在少量研究上尽量用蒸馏水，以防成分的变化引起不良效果。

（三）培养基的种类

1.按照培养基的物质来源分类

按照培养基的物质来源分，有合成培养基、半合成培养基和天然培养基。合成培养基所用原料化学成分明确、稳定，但营养单一且价格昂贵，用这种培养基进行实验重现性好、低泡、呈半透明状。因此，合成培养基多用于研究和育种，不适合于大规模的工业生产。[1]例如，分离培养放线菌的高氏一号培养基。生产某些疫苗的过程中，为了防止异性蛋白质等杂质混入，也常使用合成培养基。半合成培养基是既含有天然成分又含有纯化学试剂的培养基，如培养真菌的PDA培养基。严格地说，发酵中使用的培养基多数为半合成培养基，完全使用天然培养基和合成培养基都是比较少见的。天然培养基的原料是一些天然动植物产物，如黄豆饼粉、蛋白胨等，这种培养基的特点是营养丰富、价格低廉、适合于微生物的生长繁殖和目的产物的合成，一般在天然培养基中不需要另加微量元素、维生素等物质。但由于天然培养基成分复杂，不易重复，故原料质量对产品的稳定性相当重要。

2.按照培养基的性质分类

根据培养基的性质可分为碱性培养基，选择性培养基，鉴定培养基，浓缩培养基等。基本培养基包含一般微生物生长和繁殖所需的基本营养素，并且可用于大多数微生物的生长。

富集培养基是一种营养丰富的培养基，通过在基础培养基中加入一些特殊的营养成分。通过加入血液，血清，动植物提取物来培养一些要求较高的微生物，将富集培养基加入到培养基中。加富培养基也可以通过添加自然物提取液来提高发酵目的物得率。张延静等人利用添加豆油、豆粉、胡萝卜汁、番茄汁、烟叶、β-胡萝卜素、橘子皮汁等自然物观察对酵母发酵生产CoQ$_{10}$的影响，其中豆油、豆粉、番茄汁、橘子皮汁是富含CoQ$_{10}$和胡萝卜素合成途径中的前体物质因而提高了CoQ$_{10}$的产量；烟叶和β-胡萝卜素阻断了合成β-胡萝卜素的途径从而起到提高CoQ$_{10}$合成的作用。

利用这种培养基可以将所需要的微生物从混杂的微生物中分离出来，广泛用于菌种筛选、检验等领域。选择性培养基的原理主要是在培养基中加入某种化学物质抑制不需要菌的生长，促进某种培养菌的生长，采用选

[1] 熊智强，徐平.链霉菌702产孢子固体培养基和培养条件的筛选[J].生物数学续保，2008（9）.

择性培养基，可使某种菌在选择性培养基中大量生长、繁殖，逐渐形成肉眼可见的浑浊、沉淀、产膜、产气等现象，也可以通过产酸、产碱或某种特殊代谢产物而形成，如通过指示剂变色、改变 pH 值等现象来观察和分辨。

目前，已有多种专用培养基用于啤酒生产中有害菌的检测，常使用的选择性培养基如 NBB 系列培养基，即啤酒有害细菌培养基。原理是利用该选择性培养基产酸的菌落大部分能使培养基的颜色由红变黄的（氯酚红指示剂）特点，指出检测样品中可能含有的啤酒有害菌的存在。采用选择性培养基分离霍乱弧菌也是一种简单而有效的菌分离方法，原理是使用选择性培养基 TCBS 琼脂（硫代硫酸钠、柠檬酸钠、胆盐和蔗糖琼脂）时，霍乱弧菌能分解蔗糖产酸，使霍乱弧菌菌落在蓝绿色琼脂背景上显示黄色，而且，TCBS 琼脂不需高压灭菌。又如在定向筛选抗生素产生菌的过程中，利用含林肯霉素选择性培养基来筛选抗生素产生菌。在含林肯霉素 50 ~ 100μg/mL 的分离选择性培养基上分离出对林肯霉素耐药的小单孢菌，具有林肯霉素类抗生素产生菌的特质，因此在培养基中加入高剂量的抗生素，可以获得定向筛选抗生素产生菌的效果。所以采用含有多菌灵的选择性培养基从辣椒疫病种子上分离出辣椒疫霉菌，可有效地检测辣椒疫病种子的带菌情况，可用于生产上检测辣椒种子是否带疫霉菌。

3.按照培养基的用途分类

按照培养基的用途可分为种子培养基、孢子培养基和发酵培养基。

（1）孢子培养基孢子培养基用于繁殖孢子，常用固体培养基。 对这种培养基的要求是允许细胞快速生长，产生大量高质量的孢子，并且不会引起应变变化。一般来说，孢子培养基要创造有利于孢子形成的环境条件。首先，培养基的营养不要太丰富，碳源、氮源不宜过多，特别是有机氮源要低一些，否则孢子不易形成。如灰色链霉菌在葡萄糖—硝酸盐—其他盐类的培养基上都能很好地生长和产孢子，但若加入0.5%酵母膏或酪蛋白后，就只长菌丝而不长孢子。其次，无机盐的浓度要适当，否则会影响孢子的颜色和孢子的数量。此外，还应注意培养基的pH值和湿度。

天然培养基中各组分的原材料质量要严格控制且需稳定，否则将严重影响孢子的产生数量和所产生孢子的质量。不同的菌种在选择培养基时是不一样的；不同培养基对同一菌种的影响也是非常大的。如熊智强等根据工业发酵生产的要求以链霉菌702为筛选对象，利用均匀设计和正交实验对链霉菌702产孢子培养基进行筛选，筛选产孢子多的优良菌株，当筛选后的最佳培养基组成为马铃薯200g/L、葡萄糖25g/L时，可使链霉菌702产孢子数达到4.07亿，比原来的培养基（高氏一号培养基）产孢子量提高了8.7倍，孢子培养基达到了生产上提高孢子产量的要求。又例如，棉铃红粉病菌在PDA培养基上产孢子的量最多，其次为马铃薯淀粉培养基和胡萝卜培养基，在豆芽汁、番茄汁和玉米汁中产孢子的量较少，在琼脂培养基上产孢子的量最少，如图2-6所示。

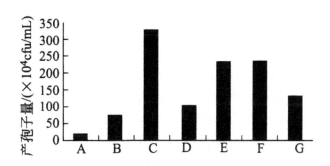

图2-6　不同培养基对棉铃红粉病菌产孢子量的影响

A-琼脂培养基；B-玉米汁培养基；C-PDA；

D-番茄汁培养基；E-胡萝卜培养基；

F-马铃薯淀粉培养基；G-豆芽汁培养基

（2）种子培养基（seed culture medium）是为下一步发酵提供数量较多、强壮而整齐的种子细胞而设计的适合微生物菌体生长的培养基。培养基原料要精，一般要求氮源、维生素丰富。此外，种子培养基营养丰富，还可防止种子阶段出现回复突变株。

（3）发酵培养基（fermentation medium）是用于生产预定发酵产物的培养基。一般的发酵产物以碳为主要元素，所以，发酵培养基中的碳源含量往往高于种子培养基。若产物的含氮量高，则应适当增加氮源。在大规模生产时，发酵培养基所用的原料应该价廉易得，并应有利于下游产品的分离提取工作。

4.按照培养基外观的物理状态分类

按照培养基的状态可分为固体培养基、半固体培养基和液体培养基。固体培养基主要用于菌种的培养、分离计数和保存，也广泛用于产生实体真菌的生产，如香菇、黑木耳、白木耳等。

近年来，由于机械化程度的提高，发酵行业开始采用固体培养基进行大规模生产。半固体培养基主要用于鉴定细菌，观察细菌和噬菌体滴度等特点，基本不用于工业生产。液体培养有利于氧气和微生物的吸收营养，适用于大规模工业化生产，实验室也用作液体培养基，扩大培养和代谢研究的目的。

（四）培养基的协调

1.半固相培养基

培养物在快繁过程中的生长和产生茎枝效率受所用培养基的物理性质所影响。为多种目的且便于制备，将凝胶如琼脂（agar）加入使成半固相培养基（semi-solid medium），使用这种培养基的主要优点有[1]：

①小外植体容易被看得见、找得到；

②在整个培养期间外植体可保持同样方向；

③植物材料是放在培养基上，无需给培养物以特殊方法通气；

④由于培养基是静止状态，茎枝和根的生长较为有序，若在可移动的液态培养基中生长是无固定方向的（disorientated），茎芽虽可启动但难长出枝条，而且如做茎枝培养（shooi cultures）快繁，则将茎枝分离开是困难的；

⑤在振荡的液体培养基中，愈伤会裂解和/或将细胞分散形成悬浮培养，这种现象在固相培养基上是不会发生的。

用半固相培养基也有缺点：有些琼脂含抑制物可阻碍某些培养物的形态发生；生长速率较慢；外植体有毒外泌物不能很快渗透掉；有一个问题未引起足够重视，即O_2难以渗透到发育到培养基中的根。令人惊奇的是Verslues等（1998）的工作认为这在可通气的液体培养基中竟然也成了问题。氧张（压）力低（low oxygen tension/会影响根生长和功能，它很可能是快繁的小植株（plantlet）常在移植后其根功能有缺欠而在植物水平衡和植物质量方面造成严重后果的原因之一。

另一个缺点是半固相培养基的凝胶附着在根上，当移植小植株至土壤时会带来麻烦。还有这种培养基给容器和玻璃用具的清洗也带来了麻烦，在放入洗碟机前容器要用高温将它再融掉或用手清洗掉。

2.液体培养基

液体培养基对悬浮培养是需要的，用于培养愈伤和器官也是有好处的，常使生长速率比半固相培养基快，这是因为外植体有更大的表面与液体接触，同时由于培养基是振荡的，使外植体与营养物和气体之间的渗透梯度（diffusion gradient）降低了。这两个因素的结合使外植体吸取营养和GRs更加有效。再者，培养物附近积累的有毒代谢物可以有效地分散开，同时根部组织中的O_2分压（partial pressure）也会增加。

---

[1] [英]E.F.乔治著.龚克强译.植物组培快繁[M].北京：化学工业出版社，2014.

由于植物材料必须给它提供 O_2，所以静态液体培养基的使用就很有限了。将培养物放在很小体积液体中或部分浸没在浅层液体培养基中的植物材料通气不是问题。如用静态液体培养大块植物组织或器官，外植体必须或是放在很浅的培养基中使部分组织露出液体表面外或是使它漂浮在液体表面，或是支撑在培养基上边。给埋没在大量液体培养基中的细胞、组织或器官供 O_2，一般用振动或旋转容器，或搅拌培养基或引入消毒空气流（或调节好的混合气体）至容器中。这些方法虽对悬浮和移动培养材料有效果，但仍不能解决根部的低氧（hypoxia）发育问题。这样会造成有毒代谢物的积累扰乱根部功能。低 O_2 分压（low oxygen tension）会使乙烯（ethylene）的产出增加并在容器内积累，而这种代谢物限制茎枝生长和功能是惊人的。而且低 O_2 分压对膜功能以及水分和离子的摄取能力也有直接影响。

花药可漂浮在液体培养基上，但小孢子形成的胚或愈伤其密度较大，每当容器移动时会沉底，会因缺乏通气而致死。对于一些较小器官或组织有办法使它漂浮在液体培养基上，办法是给培养基添加 Ficoll 增加它的密度，如在培养基中加 Ficoll（型号 400）100g/L 就能使花药形成的大麦愈伤（Kao，1981）和小麦属（Triticum）的胚漂浮在液体培养基表面。用此法处理的小麦胚高比例地发育成植株，面生长在不加 Ficoll 的所谓标准液体培养基中的效果较差。

仅偶然机遇，使用液体培养基是不利的。如玉米细胞的悬浮培养产生黏液（mucilage）可干扰细胞生长。同样地，如形成大量黏液会妨碍芦苇（Phragmites australis，芦苇属、禾本科）胚性愈伤的培养。在液体培养中运动会损伤纤弱组织。来自狭叶巢蕨（Asplenium nidus，巢蕨属、铁角蕨科）根状茎（rhizome）片段的绿色球体类似拟分生组织（meristemoid-like）漂浮在旋转或振荡的液体培养基上未能生长成功。Higuchi 和 Amaki（1989）认为这很可能是由于球状体表面分生组织受撞伤的原因。利用液体培养基还有另一种严重缺点，特别是对茎枝培养长时间埋没在液体中而呈水浸状（water-soaked）也就是高度含水（hyperhydric）对快繁已无价值可用。

有些培养物的细胞、组织或器官可放在有孔的材料上，并灌上液体培养基可以克服用半固相或液体培养基所带来的不利因素。

有办法可成功地用液体培养基做茎枝培养。办法是于阶段Ⅰ在琼脂培养基上建立可培养的外植体，然后转至旋转的或振荡的液体培养基上促茎枝在阶段Ⅱ的快速生长。此法已用于石竹（carnation）、芋（Colocasia esculenta，芋属，天南星科）、桉属（Eucalyptus）、菊花（chrysanthemum）和长春花（perikinkle）。然后将侧枝分开在阶段Ⅲ琼脂培养基上生根或在容器外（extra vitrum）生根。Jackson 等（1977）报道将芋的茎尖或侧芽外植体放在阶段 I 的液体培养基中，长得很好，不像在琼脂培养基上还有个滞后期（lag period）。

3. *差别效应*

Miller 和 Murashige（1976）证明在琼脂凝胶和液体培养基（振荡的或静止的）之间选择时不应主观臆断。有四类热带观时植物的茎枝培养在外植体启动的阶段 I 和茎枝扩繁的阶段 II，它们对液体或固相培养基的反应是不同的。

在他们的试验中，朱蕉属（Cordyline）外植体阶段 I 在固相或液体培养基存活的同样好，但在液体培养基中更好些，茎伸长更多些。藤芋属（Scindapsus）外植体在旋转液体培养基上无一存活，在静态液体上仅小比例存活，如用滤纸做支架则几乎所有外植体在静态的或琼脂培养基上都长得令人满意，固相的茎枝生长得更好些。龙血树属（Dracaena）在阶段 I 用滤纸支架生长的外植体在阶段 II 茎枝扩繁速度最快。朱蕉或藤芋在阶段 II 用静态液体培养使茎枝只伸长却不增殖。

Wimber（1965）证明用液体培养基快繁兰属（Cymbidiunz）是有益的。在固相培养基上仅有少量原球茎繁殖，并多倾向分化成茎枝。在振荡液体培养基上，大多数无性系的原球茎能不断的增殖。之后将这些原球茎转接回到琼脂固化培养基上，此时已不受干扰，都产生小植株。Scully（1967）、Segawa 和 Shoji（1967）用卡特兰属（Cattleya）和石斛属（Dendrobium）兰花得到相似结果。此后在其他种植物上常发现液体培养基可增进形态发生或茎枝增殖率。

繁缕属（Stellaria，石竹科）的单个茎枝在静止培养基上不会形成多个茎枝，但在动荡液体培养基上能增殖出一堆茎枝。可可树（cocoa）茎尖的叶和茎在液体培养基上都伸长了，但在琼脂培养基上生长仅限于芽膨大。Orchard 等（1979）认为这是因为在外植体切面上覆盖着黏性分泌物，限制了营养物的吸收。拟南芥属（Arabidopsis）愈伤在液体培养基比琼脂固化的培养基有更高的茎枝（有叶的）再生频率；天仙子（Hyoscyamus muticus，天仙子属、茄科）愈伤在液体培养基上能产生一些完整小植株，而在固体培养基上愈伤只增殖。印度娃儿藤（Tylophora indica，娃儿藤属、萝藦科）愈伤在液体培养基上形成体细胞胚，但不能进一步发育，除非愈伤转至补充成分的琼脂培养基上。可可树的合子胚（zygotic embryos）在液体培养基上生长、发育比在自然条件下整株的（in vivo）还典型，更具代表性，与培养在半固相培养基上的胚比较还有较高的无性胚发生率（asexual embryogenesis）。从以上这些详细结果可以看出，如果不必须为个别植物种甚至不同栽培种来定做快繁方案，那么我们就需要更好地了解植物发育生理学尤其是小植株生长培养基的物理结构和气体组成成分所产生的影响。细胞的和分子生物学的技术发展使我们对植物在低O_2分压所产生的生理损伤（physiological lesions）有更好的了解，而且这些技术也提供了细胞的和分子的标记物（cellular and molecular markers），能较容易地鉴定出这些损伤。

4.繁殖率

几种不同植物种的茎枝培养部分地淹埋在浅层液体培养基中，也无需任何振荡，这样在体外培养的阶段Ⅰ和Ⅱ会有满意的增殖。有些厂家喜欢用此技术做茎枝培养，因可省掉添加昂贵的琼脂，而且最后得到的小植株也无需将它从根部洗掉。Hussey 和 Stacey（1981）将马铃薯单节在培养皿（Petri dish）中做液体培养，结果产出的茎枝自然地发育出根，无需一个生根阶段。Davis 等（1977）将石竹茎枝培养的阶段Ⅱ在 1000 mL 瓶内 50mL 液体培养基中培养（即浅层培养基）并给轻微振荡即能生长。

5.用液体培养大量繁殖

大多数试图用in vitro方法大量快繁生产植物均依靠用液体培养基做茎枝或茎分生组织的培养。过去试图在很大容器的液体培养基中做大规模的茎枝培养，但令人沮丧的问题主要是超度含水性（hyperhydricity）问题（俗称玻璃化问题），不过近年对此有重要进展。

液培和固培所得不同的结果常能把它们结合起来形成一个最有效的快繁体系，如茎枝培养的启动可在琼脂固化培养基上，然后转接至液体培养基中使它能快速生长。Simmonds 和 Cumming（1976）发现百合杂交种（Lilium hybrids）愈伤在液培上繁殖最快，但小植株产出的最快速度则是将它们转接至固培上。Krikorian 和 Kann（1979）用与之非常相似的方法来繁殖玉簪（daylilies）。

虽然液培繁殖的小鳞茎（bulblets）在表型上是正常的，但带叶片茎枝淹没在液培中就很成问题了。高速率的增殖是达到了，但茎枝也常常变成超度含水的玻璃化状。有这种经历的有不少实例，如菊花（chrysanthemum）（Earle 和 Langhans，1974b）、石竹（carnation）（Earle 和 Langhans，1975; Davis 等，1977）、桃（peach）（Hammerschlag，1982）和六出花属（Alstroemeria，石蒜科）（Pierik 等，1988b）。把这种茎枝从容器中拿出来都是水浸状，脆而易碎，叶片常常不正常，宽而厚，无正常的角质层（cuticular）。这种茎枝很易被干燥或过度阳光受损，继代或移栽室外存活率很差。即使无明显超度含水现象，这种茎枝在生长、发育和功能方面都表现有损伤，这些都会在移栽至土壤后影响它以致难以存活。这些症状常归因子繁殖培养基中低O_2分压，不过培养容器中积累其他气体也是个问题。

6.双相培养基

有些工作者在半固相培养基上加一层静态液体培养基做试验。Johansson 等（1982）将花药培养在上层是液体培养基、下层是含活性炭的琼脂固化培养基上，则诱生体细胞胚的发生更有效。Maene 和 Debergh（1985）试图用双层培养基降低花卉植物茎枝培养物伸长和生根的成本。这种方法对球根秋海棠（Begonia tuberhybrida）茎枝团块的培养是有效的。将它的茎枝团块从起始培养基移至琼脂固相伸长培养基或将液体的伸长培养基倒在起始琼脂培养基表面，这样就不需要转接培养物了。

将固培和液培两种结合使用的方法已在匈牙利作为一种大规模体外繁殖的改进方法获准专利（Molnar，1987）。在 Molnar 的论文中谈到有广泛植物包括双子叶、单子叶、蕨类用双相系统做茎枝培养，比在一个相应的半固相培养基上可产生更多的侧芽和茎枝。所收获的微型插条（micro-cuttings）也更有活力并较快地形成较壮的根。最佳结果是将生长素和细胞分裂素都放在固相中，在液相中只加细胞分裂素。外植体似乎从上下层都能摄取 GRs，基部固培的存在保证了外植体被适宜地固定住。

Viseur（1987）发现西洋梨（Pyrus communis）茎尖在液培上可产生大量侧枝，但茎枝很快变成玻璃化状不适宜用于增殖。在含 5~8g/L 琼脂的固培上，超量含水的玻璃化现象不见了，但每个外植体上的侧枝量下降。如在固培上加液培一层的双相培养基则茎枝增殖率增加。易产生超量含水玻璃化的品种，固相中应加 8g/L 的琼脂，其他品种可加 5g/L 即可获得最佳茎枝增殖率。Molnar 强调上层的液体培养基必须将外植体包被起来，而 Viseur 却说最佳结果是茎枝顶部不要用液体覆盖。

Rodrguez 等（1991）再次确认梨的茎枝培养适宜用双相培养基。Chauvin 和 Salesses（1988）报道双相培养基可改进欧洲栗（Castanea sativa）和日本栗（C. crenata）茎枝培养的侧枝数目和长度，当营养枯竭时可在半固相培养基上加一层液体培养基来补充。茎枝培养若需要继代也可用这种方法来维持，这样既节省劳力成本，也降低了常规继代过程中对外植体施加不利的处境。

利用双相培养基可将转移外植体至新容器中的新培养基里的必要性降至最小，这必然会节省成本，同时也减少了由于物理性伤害使植物数量的损失。除此之外，令人难以理解的是从生理学方面提出正当理由解释为何在不同的两部分（液体和固相）要放不同的激素以及对不同栽培种需正确地调整液体培养基的深度。为此增加研究力量将快繁过程的这方面问题简化必然是件好事。

第三章
植物组织器官培养技术

第一节　植物组织器官离体培养的途径与方法

高等植物是由无数不同形态及执行不同功能的细胞构成。一部分细胞是具有继续保持分生能力的分生组织（meristem）；而另一部分细胞是逐渐分化失去分生能力而执行其他功能的永久组织（permanent tissue）。在人工培养条件下，植物组织器官的离体培养不仅能使处于分生状态的细胞继续保持分裂能力，同时也可使永久组织的细胞恢复分裂能力，最终形成植物的不同器官和完整植株。也即前文介绍的植物细胞的全能性。同时，植物组织器官离体培养还包括了细胞分化、脱分化和再分化等复杂的生理生化和形态建成（morphogenesis）过程。

一、植物组织器官离体培养的途径

植物组织器官离体培养的途径根据培养目的的不同主要有以下两类。

（一）外植体直接培养形成完整植株

通过在适宜的培养条件下培养茎段、茎尖、芽、种子、幼胚或成熟胚等器官，而不经过分化和脱分化过程直接形成完整植株。这种培养途径主要用于优、稀、缺等材料或育种新材料的微繁殖，以之来扩大材料的数量。在理论上这个过程属于无性繁殖。所以，经这类外植体繁殖的后代基因型与母体植株的基因型是一致的，在遗传上未发生变异，属于纯系。

（二）外植体经分化和脱分化过程培养形成特定组织或形成完整植株

这类外植体主要包括：植株体各部分的分生组织、成熟组织和各种器官，如茎尖、茎段（带芽或不带芽）、芽、叶片、叶柄、根、根尖、花器官、种子（包括子叶、胚芽、胚根和胚轴）、有生活力的种皮、幼胚或成熟胚等。这类外植体必须在人为调控下经过分化和脱分化过程，最终按照培养目标不同而形成不同的组织或形成完整植株。

植物组织器官离体培养的途径如图3-1所示。

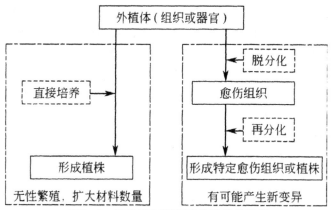

图3-1　植物组织器官离体培养的途径

二、植物组织器官培养的主要程序

植物器官培养的主要程序包括外植体的选择与消毒、形态发生、诱导生根与再生植株的移栽等过程。

（一）植体的选择与消毒

1.外植体的选择

根据培养目的适当选取材料，选择原则：易于诱导培养、再生能力强，带菌少。首先，从健壮的植株上取材料，不要取有伤口的或有病虫的材料。其次，晴天，最好是中午或下午取材料，不要在雨天、阴天或露水未干时取材料。因为健壮的植株和晴天光合呼吸旺盛的组织有自身消毒作用，这种组织一般是无菌的。最后，在生长季开始时（比如春天）取活跃的枝条等外植体，其再生能力相对要强。此外，从温室或培养室中的植株上采取的外植体相对大田植株的更好。当然，对于不同植物的外植体，其再生能力有所差异；即使同一植物种类，不同基因型外植体的再生能力也有明显的差异。对于同一植株而言，不同器官的再生能力也有不同。

2.外植体的消毒

从外界或室内选取的植物材料，都不同程度地带有各种微生物。这些污染源一旦带入培养基，便会造成培养基污染。因此，植物材料必须经严格的表面灭菌处理，再经无菌操作手续接到培养基上。

首先，将采来的植物材料除去不用的部分，将需要的部分仔细洗干净，如用适当的刷子等刷洗。把材料切割成适当大小，以灭菌容器能放入为宜。置自来水龙头下流水冲洗几分钟至数小时，冲洗时间视材料清洁程度而宜。易漂浮或细小的材料，可装入纱布袋内冲洗。流水冲洗在污染严重时特别有用。洗时可加入洗衣粉清洗，然后再用自来水冲净洗衣粉水。洗衣粉可除去轻度附着在植物表面的污物，除去脂质性的物质，便于灭菌液的直接接触。当然，最理想的清洗物质是表面活性物质——吐温。然后，对材料的表面浸润灭菌。要在超净台或接种箱内完成，准备好消毒的烧杯、玻璃棒、70%酒精、消毒液、无菌水、手表等。用70%酒精浸10~30s，或用10%~12%H_2O：消毒5~10min. 或用0.1%~1% $HgCl_2$浸泡2~10min，或用饱和漂白粉浸泡10~30min，或用1%硝酸银消毒5~30min，或用次氯酸钠处理10~20min。在消毒时，通常将酒精和其他消毒剂配合使用。由于酒精具有使植物材料表面被浸湿的作用，加之70%酒精穿透力强，也很易杀伤植物细胞，所以浸润时间不能过长。有一些特殊的材料，如果实，花蕾，包有苞片、苞叶等的孕穗，多层鳞片的休眠芽等，以及主要取用内部的材料，则可只用70%酒精处理稍长的时间。处理完的材料在无菌条件下，待酒精蒸发后再剥除外层，取用内部材料。最后，需用无菌水涮洗，涮洗要每次3min左右，视采用的消毒液种类，涮洗3~5次。无菌水涮洗作用是免除消毒剂杀伤植物细胞的副作用。注意：①酒精渗透性强，幼嫩材料易在酒精中失绿，所以浸泡时间要短，防止酒精杀死植物细胞。②老熟材料，特别是种子等可以在酒精中浸泡时间长一些，如种子可以浸泡5min。③升汞的渗透力弱，一般浸泡10min左右，对植物材料的杀伤力不大。④漂白粉容易导致植物材料失绿，所以对于幼嫩材料要慎用。⑤在消毒液中加入浓度为0.08%~0.12%的吐温20或吐温80（一种湿润剂），可以降低植物材料表面的张力，达到更好的消毒效果。

（二）形态发生

外植体通常可以通过不定芽（adventitious bud）、腋（侧）芽增殖、原球茎、小鳞茎和胚状体（embryoid）5种形态发生途径，再形成完整植株。

1.不定芽途径

在叶腋和茎尖以外的其他器官上所形成的芽称为不定芽。在器官培养中，外植体可以在芽原基以及分生组织处形成大量不定芽，直接萌发成苗。根据不定芽发生的来源，可以分为直接不定芽发生和间接不定芽发生，前者指不定芽由外植体直接产生，这类不定芽通常是从表皮细胞或表皮以下几层细胞产生的，有时带有少量的愈伤组织；后者指外植体诱导产生愈伤组织，愈伤组织上产生不定芽。这两种途径的首要条件就是外植体的细胞要进行脱分化，由分化状态的细胞回复到具有分裂能力的分生细胞。第二步由已经脱分化的细胞或新形成的愈伤组织细胞形成一些分生细胞团。这些细胞有时呈较有规律的排列。较大的细胞在外，愈向内细胞愈小，排列也愈紧密。细胞质浓厚，核相对较大，中心的一些细胞可以认为是分生组织，以后由这些分生组织形成器官原基，进一步发育成不定芽。

不通过愈伤组织直接形成不定芽的途径更优越一些，因为植物在脱分化形成愈伤组织中可能会出现一些变异。但直接形成的不定芽并不总能保持原品种的特性，有时在繁殖中还能出现严重的质量问题。观赏植物中有不少遗传学上的嵌合体。如一些带镶嵌色彩的叶子、花、带金边、银边的植物等，在通过不定芽繁殖时，再生植株就失去了这些富有观赏价值的特性。

2.腋（侧）芽增殖途径

植物能长高，就是茎尖分生组织不断活动的结果。在适宜的外界环境条件下，茎尖分化出叶片和侧芽，侧芽又再次分化为叶片和侧芽。同样，在离体培养时外植体如果是茎尖，就能诱发腋芽、侧芽萌发，进而形成芽丛。芽丛被分割成单芽或小芽丛，进而进行继代增殖，短期内就可以产生大量的试管苗。例如，草莓若采取这种方式，半个月以内就能增加10倍，1年内可以产生数以百万计的试管苗。

3.原球茎途径

原球茎最初是兰花种子发芽过程中的一种形态学构造。种子萌发初期并不出现胚根，只是胚逐渐增大，以后种皮的一端破裂，膨大呈小圆锥体称作原球茎。在兰科植物的组织培养中，常从茎尖和侧芽的组织培养中产生一些原球茎。这是20世纪60年代初期莫赖尔（Morel）开始的工作，它促成了兰花栽培的变革，建立了兰花工业，实现当今兰花生产的工业化和商品化。原球茎本身可以增殖。将继代培养出来的大量原球茎转接于特定的固体培养基上，可以进一步大量增殖，并抽叶生根，形成完整的兰花种苗。

4.小鳞茎途径

一些植物的变态茎（如鳞茎、球茎、块茎等）在组织培养的过程中容易形成相应的变态茎。如百合，其鳞茎的鳞片在MS+6−BA0.5mg/L+NAA0.1mg/L的培养基上，经过4~5d的培养，就会在鳞片的近轴面切口处，出现明显的膨大，8~9 d后，形成小白点，并逐渐长大形成小鳞茎。每块鳞片外植体至少有3~4个，多则8~9个小鳞茎，继续培养35~40 d后，小鳞茎在光下就能抽叶成苗，并在基部发生根系，进而形成完整的百合植株。

5.胚状体途径

胚状体是指在组织培养中起源于一个非合子细胞，经过胚胎发生和胚胎发育过程形成的具有双极性的胚状结构。胚状体不同于合子胚，因为它不是两性细胞融合产生；胚状体也不同于孤雌/雄胚，因为它不是无融合生殖的产物；胚状体也不同于器官发生方式形成的茎芽和根，因为它经历了与合子胚相似的发育过程且成熟的胚状体是双极性结构。胚状体经历原胚（proembryo）、球形胚（globular embryo）、心形胚（heart-shaped embryo）、鱼雷胚（torpedo-shaped embryo）和成熟胚（mature embryo）5个发育时期。

胚状体形成除了可以从愈伤组织上产生以外，还可以由组织或器官等外植体直接产生，可以由外植体的表皮细胞产生，也可以由悬浮培养的游离单细胞产生。促使胚状体产生的机理目前并不十分清楚，但已经明确以下因素会影响细胞胚状体的形成。

（1）激素的种类和浓度。

在离体胡萝卜细胞悬浮培养和咖啡组织培养时，若将产生的愈伤组织由含有2,4-D的培养基转移到不含2,4-D的培养基中时，会产生胚状体。在南瓜中，NAA和IBA组合能够有效促进胚胎发生。在胡萝卜和柑橘组织培养中，IAA、ABA和GA组合可以抑制胚胎发生。

（2）氮源种类和比例。

在胡萝卜叶柄培养时，以硝酸钾为唯一氮源的培养基上建立起来的愈伤组织，必须要在培养基中加入生长素才能形成胚状体。但是在含有5.56g/L的KNO_3培养基中加入少量NH_4Cl时，即使培养基中不加生长素，也会形成胚状体，说明在硝态氮中加入少量的氨态氮时会增加胚状体的发生。在胡萝卜中，NH_4^+和NO_3^-的比例也会影响胚状体的发生。尽管NH_4^+对于胚状体的产生十分重要，但其作用也可以用水解酪蛋白、谷氨酰胺和丙氨酸等物质来部分地取代。

（3）其他因素。

有试验证明，在培养基中加入适量K^+是必须的。此外，也有研究表明，在培养基中加入ATP可以促进胚状体的发生。

（三）诱导生根与再生植株的移栽

通过不定芽和腋芽增殖产生的试管苗，只有芽没有根。因此，需要诱导其生根，才能形成完整的植株。

1.诱导生根

一般认为，矿质元素浓度高时有利于发展茎叶，较低时有利于生根，所以生根培养时一般选用无机盐浓度较低的培养基作为基本培养基。用无机盐浓度较高的培养基时，应稀释一定的倍数。如MS培养基，在生根、壮苗时，多采用1/2 MS或1/4 MS。

2.再生植株的移栽

试管苗是在恒温、保湿、营养丰富、光照适宜和无病虫侵扰的优良环境中生长的，其组织发育程度不佳，植株幼嫩柔弱，抗不良环境能力差。移栽时，应注意以下几点。（1）应保持小苗的水分供需平衡；（2）要选择适当的介质，关键是疏松通气和适宜的保水性，而且不滋生杂菌；（3）要防止杂菌滋生，保持种植场内外干净；（4）要注意光、温管理。试管苗移出后，尽量避免阳光直射，以强度较高的散射光为好，光线太强会使叶绿素受到破坏，叶片失绿，发黄或发白，使小苗成活迟缓。同时，过强的光刺激蒸腾加强。光照强度也可随移出时间的延长而增加。

三、植物组织器官离体培养的方法

（一）根的培养

1.离体根的培养方法

（1）外植体的消毒。

离体根的来源有两种，一种来源于土壤中的植株，一种来源于无菌苗的根系。前者污染严重，需消毒处理；后者本身无菌，经过分割后可以直接用于离体根的培养。来源于土壤的根系消毒方法是，首先用自来水充分洗涤，对于较大的根需要用软毛刷刷洗根表面的土壤、微生物等杂质，接着用解剖刀分割，用滤纸吸干根表面上的水分，再用95%酒精漂洗10~30s，然后经0.1%~0.2%升汞处理5~10min或用2%次氯酸钠溶液浸泡15~20min，最后再用无菌水冲洗3~5次，用无菌滤纸吸干根表面多余的水分。

（2）培养方法。

离体根培养方法有固体培养法、液体培养法和固体–液体法3种。

①固体培养法。离体根培养的常用方法是在培养基中加入琼脂进行固体培养。

②液体培养法。离体根的液体培养通常采用100mL或200mL的三角瓶，内装20~40mL的液体培养基，将消毒好的根段接种到培养液中，在适应温度和转速的条件下进行培养。当然也可以利用发酵瓶进行大量培养。

③固体–液体法。离体根的固体–液体法是指将根基部一端插入固体培养基中，根尖一端却浸在液体培养基中培养的方法。如番茄根的培养，其过程如图3–2所示。

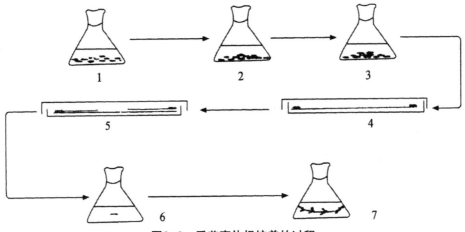

图3-2　番茄离体根培养的过程

1. 种子用70％酒精消毒1min；　2. 用饱和漂白粉液消毒10min；

3. 用无菌水洗3次；　4. 将6～10粒种子放入培养皿中的湿滤纸上；

5. 培养皿中种子进行暗培养直至胚根长至30～40mm；

6. 切取10 mm长的根尖用无菌的接种环接种于培养液中；

7. 在25℃下培养直到长出侧根。

2.培养基的选择

根据不同的植物种类以及不同状态的离体根生长时对营养的需求不同，选择或调整根培养所需的培养基。多为无机离子浓度低的White培养基，其他培养基如MS、B5等也可采用，但必须将其浓度稀释到2/3或1/2，以降低培养基中的无机盐浓度。

离体根培养可利用唯一氮源。通过不同氮源种类对离体根培养的影响的研究表明：硝态氮较氨态氮更有利于根的增重和增长。在培养基中加入各种氨基酸的水解酪蛋白，能促进离体根的生长。微量元素是离体根培养所必需的，缺少微量元素就会在培养过程中出现各种缺素症。

3.影响离体根生长的条件

（1）基因型。

基因型是影响离体根培养的重要因素之一，表现在植物类型不同、品种不同、离体根对培养的反应不同。如番茄、烟草、马铃薯、小麦、紫花苜蓿、曼陀罗等植物的根，能高速生长并能产生大量健壮的侧根，可进行继代培养而无限生长；而萝卜、向日葵、豌豆、荞麦、百合、矮牵牛等植物的根，尽管能较长时间培养，但不是无限的，久之便会失去生长能力；一些木本植物的离体根则几乎很难生长。

同一基因型材料，根尖来源不同，离体培养表现也不相同。如小麦离体根培养中，种子根要比离体胚的根具有旺盛的生长势。

（2）营养条件。

培养基是影响离体根生长的另一重要因素。用于离体根培养的培养基多为无机离子浓度较低的White培养基或其改良培养基，其他常用培养基如MS、B5，等也可使用，但必须将其浓度稀释到2/3或1/2。

①氮源。

离体根能够利用单一氮源的硝态氮或铵态氮。硝酸盐和硝酸铵使用比较普遍，但前者要求pH为5.2，后者则是在pH为7.2时根系才能很好地生长。在豌豆离体根的培养中，以硝酸盐、尿素、尿囊素为氮源，培养两周后根的生长出现差异。用硝酸盐和尿囊素为氮源时，根的质量和长度最大；主根最长的是无机氮源，而次生根的数量和长度则以尿囊素和尿素为最好。有机氮源对离体根生长的效果不如无机氮源，如在番茄和苜蓿离体根培养中，以各种氨基酸或酰胺作氮源，虽能为植物所利用，但对离体根的生长效应均不如无机态的硝酸盐。

①氮源培养基中的含氮量对离体根培养也有一定影响。在胡萝卜肉质根的细胞培养中，常用White和MS两种培养基，通常认为后者更适于胚状体的分化。对两种培养基的含氮量加以比较，差异很大，White培养基仅含有3.2mmol/L，而MS培养基却高达60mmol/L，二者相差将近20倍。Reinert（1959）认为，高氮含量和低生长素含量是胡萝卜胚发育所必须具备的条件。如将胡萝卜细胞培养于除去生长素的White培养基上，也可形成少量的胚状体；若把White培养基的含氮量用硝酸钾提高到40～60mmol/L，即可使之全部形成胚状体。Amtnirato（1969）用硝酸铵提高White培养基的含氮量，也可达到MS培养基的效果。Reinert（1972）认为，胚状体的形成并不是与培养基中氮的绝对含量有关，而是与氮和生长素的比例有关。

②碳源。

对于双子叶植物的离体根来说，蔗糖是最好的碳源，其次是葡萄糖和果糖。但在禾本科等单子叶植物离体根的培养中，葡萄糖的效果较好。其他一些糖类对离体根的生长往往有抑制作用。

③微量元素。

微量元素对离体根培养影响也较大。缺硫会使离体根生长停滞，有机硫化物中只有L-半胱氨酸（最适浓度5～25mg/L）能维持离体根生长，效果与适量的硫酸盐相似。

缺铁会阻碍细胞内核酸（RNA）的合成，破坏细胞质中蛋白质的合成，根中游离氨基酸增多，细胞停止分裂。同时，铁又是许多酶系（过氧化物酶、过氧化氢酶等）的组成部分。缺铁时，酶的活性受阻，根系的正常活动受到破坏。

缺锰时根内RNA含量降低，会出现缺铁的类似症状。使用浓度一般以3mg/L较为适宜，过高时有毒害作用。

缺硼会降低根尖细胞的分裂速度，阻碍细胞伸长。在未加硼的培养基中，番茄离体根生长10mm后便停止生长，颜色变褐；在含有0.2mg/L硼的培养基中，8d就能增长近100mm，而且长出许多侧根。

缺碘会导致离体根生长停滞，如缺碘时间过长，转入合适的培养基中也难以恢复生长。

④维生素。

维生素类物质中，最常用的为硫胺素（维生素B_1）和吡哆醇（维生素B_6）。番茄根离体培养中，维生素B_1是不可缺少的，对生长的促进作用在一定的范围内与浓度成正比，使用浓度一般在0.1~1 mg/L。如从培养基中去掉维生素B_1，根的生长立即停止，若缺少维生素B_1的时间过长，生长潜力的丧失将是不可逆的。硫酸硫胺素对于控制生长速度来说较为重要。虽然维生素对于离体根的生长不是必需的，但对离体根的生长有明显的促进作用。

（3）植物激素。

离体根对生长调节物质的反应，因植物种类的不同而不同。在各类植物激素中，研究最多的是生长素。离体根对生长素的反应表现为两种情况：一是生长素抑制离体根的生长，如樱桃、番茄、红花椴等；二是生长素促进离体根的生长，如欧洲赤松、白羽扇、玉米、小麦等。一般认为，生长素在低浓度时促进根生长，高浓度时抑制根生长。生长素促进根生长的浓度取决于植物种类和根的年龄，一般在10^{-13}~ 10^{-8}mol/L，高浓度的生长素，如10^{-6}~10^{-5}mol/L，往往抑制根的生长。赤霉素能明显影响侧根的发生与生长，加速根分生组织的老化。

激动素能延长单个培养根分生组织的活性，有抗"老化"的作用。在低蔗糖浓度（1.5%）条件下，激动素对番茄离体根的生长有抑制作用，这是由于分生区细胞分裂速度降低造成的。与此相反，在高浓度蔗糖（3%）条件下，激动素能够刺激根的生长。另外，激动素能与外加赤霉素和萘乙酸的反应相颉颃。

（4）pH。

pH对侧根原基形成的影响，随植物种类的不同而异。

在一般植物离体根的培养中，pH值通常以4.8~5.2为最合适，但稳定的pH有利于根的生长。因此，在培养时可采用Ca（H_2PO_4）$_2$或$CaCO_3$作为pH缓冲剂。适当加入这些化合物，可获得4.2~7.5范围内任何所需的pH。

（5）光照和温度。

离体根培养的温度一般以 25 ~ 27 ℃为佳。通常情况下，离体根均进行暗培养，但也有光照能够促进根系生长的报道。研究显示，与黑暗处理相比，不同光质的光照均对黄瓜、玉米、油菜等离体根的生长表现了不同程度的抑制作用，无论是主根还是侧根，其根长都明显小于黑暗。其中，白光对黄瓜离体根生长的抑制作用最强烈，其次为蓝光，红光的抑制作用表现较弱。但与黑暗相比，不同光质的处理，均促进了根鲜重的增加，对根长表现抑制作用最强烈的白光和蓝光对根鲜重的增加最为突出。究其原因，可能是根部原生质体在光诱导下合成叶绿素，从而使根重增加的缘故，而白光和蓝光最有利于叶绿素的合成，其中黄瓜合成叶绿素的能力最强。

4.离体根培养的应用

离体根培养具有重要的理论和实践意义。

首先，它是进行根系生理和代谢研究的最优良的实验体系，离体培养中根生长快，代谢强，变异小，不受微生物的干扰，可以通过改变培养基的成分来研究根系营养的吸收、生长和代谢的变化，如碳素和氮素代谢、无机营养的需要、维生素的合成与作用、生物碱的合成与分泌等。

其次，建立快速生长的根无性系，可以研究根部细胞的生物合成，对生产一些重要的药物具有重要意义。用组织培养法生产有用物质的研究中发现，一些物质的产生往往与特定的器官分化有关，因此，对于在根中合成的化合物的生产，只能以根为外植体进行培养。目前，利用发根农杆菌感染产生的不定根的离体培养进行植物次生代谢物的生产，已成为植物次生代谢物生产的主要方法之一。

最后，离体根培养得到再生植株是对植物细胞全能性理论的补充，也是研究器官发生、形态建成的良好体系。

（二）茎的培养

植物茎培养是指对植物的带有一个以上定芽（normal bud）或不定芽的外植体（包括块茎、球茎、鳞茎在内的幼茎切段）进行离体培养的技术。茎段培养的主要目的是进行植物的离体快速繁殖、茎细胞分裂潜力和全能性的理论研究、诱导突变体的育种实践。由于茎培养材料来源广泛，可以通过"芽生芽"的方式增殖，繁殖系数高，繁殖速度快，获得的苗木变异小、性状均一，因而广泛应用于良种和珍贵植物的保存和繁殖。目前，通过茎段培养进行苗木的试管繁殖技术已成熟，并成为一种生产中的常规技术。

1.茎段培养的一般过程

茎段培养是指带有腋（侧）芽或叶柄、长数厘米的包括块茎、球茎在内的幼茎节段进行的离体培养。培养茎段的主要目的是快繁，其次也可探讨茎细胞的生理特点，以及进行育种上的筛选突变体的过程。茎段培养用于快速繁殖的优点在于：培养技术简单易行，繁殖速度较快；芽生芽方式增殖的苗木质量好，且无病，性状均一；解决不能用种子繁殖的无性繁殖植物的快速繁殖等问题。一般在无菌条件下，将经过消毒的茎段切成数厘米长带节的节段，接种在固体培养基上。茎段可直接形成不定芽或先诱导形成愈伤组织，再脱分化形成再生苗。把再生苗进行切割，转接到生根培养基上培养，便可得到完整的小植株。茎段培养的一般过程如图3-3所示。

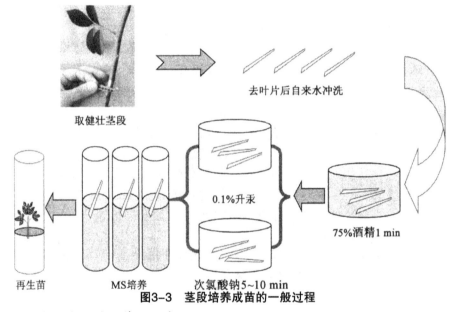

图3-3 茎段培养成苗的一般过程

2.影响离体茎培养的因素

（1）植物材料。

由于枝条上芽所着生的位置不同，其生长势和发育程度也不同，离体培养效果也有较大差异。一般而言，茎的基部比顶部切段，侧芽比顶芽成活率低，所以应优先利用顶部和茎上部的带腋芽茎切段培养。植物的芽有休眠期和生长期之分，生长期取材比休眠期取材培养效果好，特别以旺盛生长期取材效果最佳。例如，苹果在3～6月取材，外植体培养成活率为60%，7～11月下降至10%，12月至翌年2月成活率不足10%。此外，幼年茎干较成年树容易成活，一年生植物营养生长早期取材较营养生长后期取材容易培养。

（2）植物生长调节物质。

茎段能否进行芽增殖，生长素与细胞分裂素的比值至关重要。

若茎段培养的目的是进行芽增殖，培养基中需加入适量细胞分裂素，不加或少加生长素；若培养目的是诱导愈伤组织形成，则培养基中需加入适量生长素，不加或少加细胞分裂素。

（三）叶的培养

1.离体叶培养方法

（1）叶组织分离与消毒。

大多数植物的叶原基、幼嫩叶片，双子叶植物的子叶，单子叶植物心叶的叶尖组织等，都可以用于叶组织的脱分化和再分化培养。

具体来说："用植物幼嫩叶片进行培养时，首先选取植株顶端未充分展开的幼嫩叶片，经流水冲洗后，用蘸有少量75%乙醇的纱布擦拭叶片表面后，放入1%升汞溶液中灭菌5～8min，再用无菌水冲洗3～4次。灭菌时间根据供试材料的情况而定，特别幼嫩的叶片时间宜短。灭菌后的叶片转入铺有无菌滤纸的无菌培养皿内。用解剖刀切成5mm×5mm左右的小块，然后上表皮朝上接在固体培养基上培养。"[1]

（2）接种。

把灭菌过的叶组织切成约0.5 cm见方小块或薄片（如叶柄和子叶），接种在MS或其他培养基上。培养基中附加BA1～3 mg/L，NAA0.25 mg/L。

（3）培养。

叶片组织接种后于25℃～28℃条件下培养，每天光照12～14 h，光照度为1500～3000 lx。

2.离体叶培养形态发生

离体叶组织脱分化和再分化培养中，芽的分化主要有以下4个途径。

（1）直接分化不定芽。

叶片组织离体培养后，由离体叶片切口处组织迅速愈合并产生瘤状突起，进而产生大量的不定芽，或由离体叶片表皮下栅栏组织直接脱分化，形成分生细胞进而分裂形成分生细胞团后产生不定芽。这两种情况，一般都未见到可见的愈伤组织，是离体叶片不定芽产生的直接形式。

---

[1] 秦静远 . 植物组织培养技术 [M]. 重庆：重庆大学出版社，2014.

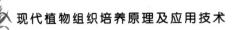

（2）由愈伤组织分化不定芽。

叶组织离体培养之后，首先由离体叶片组织脱分化形成愈伤组织，然后由愈伤组织分化出不定芽，或者脱分化形成的愈伤组织经继代（1代至多代）后诱导不定芽的分化。这类方式的不定芽产生，可以用两种方式诱导形成。一种是一次诱导，即使用一种培养基，在适当激素调节下，先诱导产生大量愈伤组织，愈伤组织进一步生长发育后，直接分化出不定芽；第二种是两次诱导法，即先用脱分化培养基诱导出愈伤组织，然后使用再分化培养基诱导出不定芽。

（3）胚状体形成。

大量的研究证明，叶组织离体培养中胚状体的形成也是很普遍的。在菊花叶片培养中，一般由愈伤组织产生胚状体居多，花叶芋叶片、烟草叶片、番茄叶片、山楂子叶等植物的叶组织都有胚状体的分化能力。

（4）其他途径。

大蒜的储藏叶，百合及水仙的鳞片叶经离体培养后，直接或经愈伤组织再生出球状体或小鳞茎而再发育成小植株。卡特兰尚未展开的幼叶、树兰属植物的叶尖培养中也可经原球茎形成苗。

3.离体叶培养的应用

离体叶培养具有重要的理论和实践意义。

第一，通过叶片组织的脱分化和再分化培养，建立植物体细胞快速无性繁殖系，提高某些不易繁殖植物的繁殖系数。

第二，它是研究叶形态建成、光合作用、叶绿素形成等理论问题的良好载体。离体叶不受整体植株的影响，因此就可以根据研究的需要，改变培养基成分来研究营养的吸收、生长和代谢变化。

第三，叶组织及其细胞培养物是良好的遗传饰变系统和植物基因工程的良好受体系统，经过自然变异或者人工诱变处理可筛选出突变体以及通过遗传转化获得转基因植物而对植物进行遗传改良。

第二节　愈伤组织的诱导分化技术及其应用

植物组织培养的目的大多数情况下是要获得再生植株，而大多数离体组织、细胞的形态建成都要先经过脱分化成为愈伤组织这一阶段，所以愈伤组织诱导是植物组织培养的关键步骤之一。

一、愈伤组织的概念界定

自然界中植物体受到机械损伤后，伤口表面形成的薄壁细胞组织，就是我们所说的"愈伤组织"。如今"愈伤组织"一词虽仍然沿用这层含义，但已不再仅仅局限于植物体创伤部分的新生组织。例如，在单倍体育种中，花粉经诱导可产生愈伤组织或胚状体分化形成单倍体植株；在原生质体培养过程中，原生质体可诱导产生愈伤组织直到植株再生。这期间均未经过创伤过程。因此确切地讲，愈伤组织是一种尚未分化且具有持续旺盛分裂能力的细胞团，是植物组织培养过程中一种常见的组织形态。[1]

二、愈伤组织的类型

根据细胞间紧密程度，可将愈伤组织分为两类：紧密型（compact）愈伤组织和松脆型（friable）愈伤组织。

紧密型愈伤组织内细胞间被果胶质紧密结合，无大的细胞间隙，不易形成良好的悬浮系统；而松脆型愈伤组织内细胞排列无次序，有大量较大细胞间隙，容易分散成单细胞或小细胞团，是进行悬浮培养的好材料。通常可以根据培养需要，调节培养基中激素含量使这两类愈伤组织得以互相转换。在培养基中增加生长类激素的含量，紧密型愈伤组织可逐渐变为松脆型。反之，降低生长类激素含量，松脆型则可以转变为紧密坚实型。

三、影响愈伤组织诱导的主要因素

根据植物细胞的全能性，所有外植体均有被诱导产生愈伤组织的潜在可能性，但因植物种类、器官来源以及生理状况的不同，诱导形成愈伤组织的难易程度差异很大。一般而言，裸子植物及进化水平较低级的苔藓植物较难诱导，被子植物则容易诱导；单子叶植物如禾本科植物小麦、水稻等诱导难度相对较大，而双子叶植物如烟草、胡萝卜、番茄等易于诱导；成熟组织脱分化比较难，诱导形成愈伤较难，而幼嫩组织细胞脱分化比较容易，诱导相对容易；木本植物较难诱导，而草本植物则相对容易；单倍体细胞较难诱导，二倍体细胞相对容易诱导。

---

[1] 胡颂平，刘选明.植物细胞组织培养技术 [M].北京：中国农业大学出版社，2014.

通常，愈伤组织的成功诱导取决于两个因素：一是内在因素，即植物本身基因型和外植体来源及状态；另一个是外部条件，即培养条件，主要是培养基、激素种类和浓度的影响等。[1]通常内在因素起决定性影响，外部条件通过内在因素发挥作用。因此在诱导愈伤时，一般主要从以下几方面进行考虑。

（一）外植体

选择适合的外植体是诱导愈伤组织成功与否的关键因素。外植体的类型包括根、茎、叶及其顶端分生组织、幼胚、颖果和嫩花序等。植物种类不同，最适培养的外植体来源也不同。例如，对小麦来讲，幼胚是最适于诱导愈伤的外植体；对棉花来讲，下胚轴是比较适宜的外植体；对烟草、番茄等植物比较容易诱导，无论选择哪个部位的组织均可诱导形成愈伤；也有些植物如花生对品种的基因型依赖性很大，品种间诱导愈伤的能力差异很大，有的品种以幼叶为外植体诱导较好，有的以胚轴表现较佳。

通常在选择外植体时，注意尽量选择细胞分化程度低或含低分化细胞多的器官和组织类型；尽量选择幼嫩、分生活跃的部分，一般选择新展开的叶或幼嫩的茎；尽量避开含有不利于细胞分裂物质的部位，或在培养基中添加某种物质控制或消除不利因素的影响。如果组织培养过程中遇到难以解决的案例时，应首先从外植体的选择上寻找突破口，接种不同部位的外植体加以比较，最终找到最适合诱导的外植体。

（二）培养基和激素组合

除了外植体的选择，确定适合的培养基和最佳激素种类配比也是至关重要的。培养基的成分包括大量元素、微量元素、有机成分、碳源（蔗糖或葡萄糖）。一般矿质盐浓度较高的基本培养基如MS及其改良培养基均可用于诱导愈伤组织，但不同植物不同基因型甚至不同外植体类型对培养基成分要求不同，因此培养基的选择要考虑具体培养对象。通常在外植体体积较大时，选择还原态氮水平高的培养基，如MS、HB等；外植体较小时，宜选择铵离子水平低的培养基，如N6、B5等。

选好培养基后，还要根据培养目的添加不同种类的激素。常用激素有

[1] 谈永霞. 草莓花药愈伤组织类型与状态调控研究 [J]. 河北农业大学学报，2004（5）.

生长素和细胞分裂素两大类。其中常见生长素有：吲哚乙酸（IAA）、吲哚丁酸（IBA）、萘乙酸（NAA）、2，4-氯苯氧乙酸（2，4-D），常用浓度一般在 0.01～1.0 mg/L。细胞分裂素有：6-苄氨基嘌呤（BA）、激动素（6-糠基腺嘌呤，KT）、2-异戊烯基腺嘌呤（2-ip）、玉米素（ZT）等，工作浓度一般在 0.1～10 mg/L。生长素大多促进细胞的生长和分裂，还可促进愈伤组织的形成和诱导生根；细胞分裂素则促进细胞分裂和调控其分化，延缓蛋白质和叶绿素的降解从而延迟细胞衰老；在组织培养中，细胞分裂素和生长素的比例影响着植物器官分化，通常比例高时，有利于芽的分化；比例低时，有利于根的分化。茄科及大多数双子叶植物在诱导愈伤时，需要细胞分裂素和生长素配合使用，因为二者之间的协同作用往往会超过单一激素的作用。也有植物类型诱导愈伤时只需要添加单一激素，如禾本科植物愈伤诱导时需要添加 2～4 mg/L 2，4-D 即可。除此之外，有时还需要加入有机附加物，如甘氨酸、水解酪蛋白、椰子汁或酵母提取物等来调节和维持愈伤的良好生长状态。有时也会加入 $AgNO_3$ 抑制内源乙烯，促进细胞分裂。

（三）培养形式

培养方式有固体培养和液体培养两种形式。诱导愈伤的培养基一般采用固体培养基，以8%左右琼脂作为固化剂；但某些特殊需要如建立细胞悬浮系，用液体培养基培养效果较好，这是因为液体培养基通常要进行振荡培养，气体交换和养分吸收均优于固体培养基，同时在液体条件下愈伤组织很容易分离成细胞和细胞团，产生较大吸收面积，利于悬浮培养。

（四）培养条件

大多数植物在诱导愈伤组织时温度一般为25℃～28℃。而对于喜温植物如棉花，可将温度调整为28℃～30℃。

大多数双子叶植物在诱导愈伤组织时，可设置适当的光照，光周期为每天12～16 h，光照强度为1500～2000 lx。单子叶植物如禾本科植物在培养时可不需要光照，但为了便于观察，可使用较弱的光照。

四、愈伤组织的继代培养

在愈伤组织生长状态良好且没有出现老化现象之前，及时将愈伤组织从外植体上分离下来并转入新鲜培养基（继代培养基）上培养，这个过程叫作继代培养。继代培养是继初代培养之后连续数代扩繁的培养过程，它一方面可以防止培养物在培养基上生长一段时间以后，由于营养物质枯竭、水分散失以及代谢产物的积累而对愈伤组织产生不利影响；另一方面也可使愈伤组织无限期保持在不分化的增殖状态，是长期保存愈伤组织的有效措施。一般在25℃～28℃下进行固体培养时，每隔4～5周进行一次继代培养。

由于培养物在适宜的环境条件、充足的营养供应和生长调节剂作用下，排除了其他生物的竞争，繁殖速度大大加快，繁殖系数大大提高，因此继代培养也叫增殖培养。

（一）培养基和培养条件

1.培养基
（1）基本培养基。

继代常用培养基与诱导愈伤的培养基基本一致，通常可根据愈伤的生长状态，对培养基中某些成分或植物生长调节剂的浓度及配比进行微调，以达到继代培养的目的。

传统观点认为培养基仅仅为培养物提供营养，激素才是调节细胞分裂改变细胞发展方向的物质，培养基的配方包括激素组合及配比优化方案，不可随意改动，但已有学者发现，培养基中的某些成分也可以发挥外源调控因子的作用，影响细胞和愈伤组织的状态。例如，还原态氮促进细胞分裂，硝态氮抑制细胞分裂，对于活力较弱的继代愈伤组织，要提高还原态氮的水平，对于活力较强的愈伤组织，则要提高硝态氮的水平；氯化钾浓度在2000mg/L以内，可提高细胞活力；维生素可起到双向调节的作用，在细胞分裂能力较弱时促进细胞分裂，在细胞分裂能力强时抑制细胞分裂；葡萄糖多数情况下比蔗糖更益于细胞分裂。因此，在愈伤继代培养时，可以根据愈伤组织的生长状态对培养基成分进行适当调整，获得生长良好的愈伤组织。

（2）激素。

激素是影响愈伤组织继代培养的关键因素。为了协调既要维持愈伤组织良好的生长状态，又要保持愈伤组织不分化且具备分化能力这一矛盾，继代培养时需要适当调整激素及其使用浓度。对于活力较弱的继代愈伤组织，需要提高培养基中生长素水平，对于活力较强的愈伤组织，则需要提高细胞分裂素水平。除此之外，值得重视的是继代培养时要认真仔细把握植物激素的使用规律。例如，在有生长素存在的前提下，细胞分裂素有加强趋势，但二者在使用上有一定的顺序，使用顺序不同培养物的分化状态也不同。如果先用生长素后用细胞分裂素处理，有利于细胞分裂，但细胞不容易分化，容易产生多倍体细胞；如果先用细胞分裂素后用生长素，细胞分裂也分化；如果用生长素和细胞分裂素同时处理，细胞脱分化后分化频率显著提高，但二者的浓度比值决定着器官分化方向。生长素与细胞分裂素的比值高时，有利于根的分化。反之，比值低，有利于芽分化。比值适中，利于愈伤组织诱导和增殖。

另外，在植物组织培养时经常发现这样一种情况，一些植物组织经长期继代培养，开始继代培养要加入激素，经过几次继代后，加入少量或不加入激素就可以生长，这种现象称为"驯化"（acclimation）。如胡萝卜薄壁组织继代培养加入6～10mol/L IAA，但在继代10代以后，可在不加IAA的培养基上正常生长。

2.培养条件

（1）光照。

愈伤组织诱导通常不需光或需弱光，在愈伤组织诱导阶段，一般可采用全暗、周期性光照、散射性光照3种方式进行培养，而继代培养一般需光。后期的器官发生阶段，则采用周期性光照比较好。

（2）温度。

多数植物愈伤组织培养或继代培养时在24℃～28℃的恒温条件下发育良好，而在器官分化时则需要有一定的温差。有研究报道，小麦和水稻花药培养在诱导花药形成愈伤组织时，昼夜恒温培养较好，而在器官分化时，昼夜具有一定温差比较好，诱导分化出的植株比较健壮。

（3）培养方式。

上节提到，培养方式分为固体和液体培养两大类，液体培养又分静止和振荡培养的两种方式，可根据具体情况和培养目的选择合适的继代培养方式。

（二）继代培养物的分化再生能力

继代培养是通过不断更换新鲜培养基，不断切割或分离培养物（包括细胞、组织或其切段），从而快速繁殖并保持具备发育良好状态且不分化的愈伤组织。研究结果表明，在良好的培养条件和适合的激素浓度调节下，甘蔗愈伤组织可继代一年以上而不丧失分化能力。但随着继代次数的增多，细胞分化再生能力也随之下降，这种现象称为分化再生能力衰退。有研究表明，在小麦、水稻细胞悬浮培养中，长期悬浮培养的材料分化能力逐渐下降。继代培养15次以上的草莓花药胚性愈伤组织形成的细胞悬浮系虽具有较高的增殖速度，但不能诱导胚状体发生。

通常植物种类、品种和外植体来源不同，继代培养能力也不尽相同。以愈伤组织为培养物在培养多代之后其增殖能力下降，分化再生能力也会随之降低或丧失；而在以腋芽或不定芽增殖为培养物继代多代后增殖仍然旺盛，分化能力一般不会丧失。另外，幼嫩材料继代培养能力较强，而成熟老化材料较弱；刚分离的组织较强，而已继代的组织较弱；草本植物的较强，木本植物相对较弱。

影响继代培养的分化能力，主要有两个因素：生理因素和遗传因素。

1.生理因素

在组织培养过程中，由于植物材料内部的一些变化，如内源生长调节物质的减少、丧失或不平衡等生理因素，从而导致继代培养物分化潜力发生变化，降低或丧失了形态发生的能力。也有人认为，经多次继代后愈伤组织中分生组织会逐渐减少或丧失，导致维管束难以形成，只能保持无组织的细胞团。还有人认为是在继代过程中，逐渐消耗了母体中原有与器官形成有关的特殊物质。

2.遗传因素

在继代培养中出现染色体行为紊乱，从而导致遗传变异，这些变异可能有：细胞内有丝分裂异常引起的细胞内染色体数目变异，比如出现多倍体、非整倍体等；染色体结构变异，包括缺失、重复、倒位、易位等。并且随着继代次数的增加，体细胞内的这种遗传变异频率增加。研究表明，川棉239体细胞胚胎发生能力虽然可保持较长时间，但随着继代时间的延长，再生能力却逐渐下降，畸形胚发生频率和再生植株不育率逐渐升高。兰州百合愈伤组织变异频率随着继代次数的增加而增加，胚性愈伤组织变异细胞在第一代中为34.16%，在第5次继代中的比率为64.12%。继代培养物的染色体不稳定，对保持植物遗传性状极为不利，但我们可以从中筛选获得变异材料，为育种工作提供种质资源。

（三）继代培养物的体细胞变异

在植物细胞、组织或器官培养过程中出现的遗传变异或表观遗传变异称为体细胞变异（somaclonal variation），培养的细胞或再生植株的群体，称为体细胞无性系。在不断的继代培养过程中，细胞可能会发生基因突变或染色体的结构数目变异，即体细胞变异。科学家们把这些发生变异的细胞筛选下来，继续培养并从中选育出一些优良的新品种。如从番茄体细胞无性系变异中选育出抗晚疫病的突变体，从甘蔗体细胞无性系再生植株变异中选育的新品种，从马铃薯体细胞变异中筛选的抗早疫病的品种，从小麦体细胞无性系中筛选出的抗赤霉病、根腐病的品种，从水稻体细胞无性系中筛选的抗白叶枯病品种及耐盐突变体等。

在细胞培养过程中，体细胞变异非常普遍，人们可以从中筛选获得新的遗传变异类型。因此，体细胞无性系变异是人们获得遗传变异的重要来源，它在生理生化等基础研究和作物遗传改良上具有重要的理论价值和应用价值，然而关于无性系变异的机理目前仅停留在对某些现象的解释上。

另外，利用细胞继代培养筛选体细胞变异有以下优点：①筛选效率高。离体条件下在小空间内对大量个体进行筛选，并且可以在几个细胞周期内完成细胞变异的筛选，不受季节限制。②试验重复性高。筛选条件可以根据需要进行人工调节和控制，从而提高了试验的重复性。③避免嵌合体的出现，省去分离变异的麻烦。由于细胞培养过程中变异是在单细胞水平上出现的，因此，一个突变体来自一个细胞，不会有非突变细胞的干扰。④选择机会多。在细胞培养系统中，除体细胞自发突变外，还可以进行人工诱变，由于理化诱变剂可较均匀地接触细胞，引起培养细胞相对较高频率地发生突变，选择机会大大增加。

五、愈伤组织诱导分化的应用

（一）突变体选择

在愈伤组织培养中，有一些细胞出现的自发变异称为体细胞无性系变异。这种变异是在无外在选择压力的情况下，由培养细胞得到的再生植株中出现的变异。[1]用培养细胞进行诱变处理，由于是以单细胞或小细胞团为对象，可以使这些单细胞或小细胞团成为胚性状态，经体细胞胚发生途径再生植株，因此可以得到单细胞起源的遗传上稳定的突变体，这样就有效解决了嵌合体的问题；用培养细胞可以在很小的空间内处理大量的细胞，可以大大提高突变频率和选择效率；细胞水平的诱变周期短，不受季节限制，可大大缩短育种年限。目前，通过这种方法在作物中已经成功地进行了耐盐、抗除草剂、抗病等突变体的选择。

---

[1] 李胜，李唯.植物组织培养原理与技术 [M].北京：化学工业出版社，2007.

（二）遗传转化

载体法转基因已被证明是比较有效的植物转基因方法。由于植物体细胞胚胎发生是由单细胞起源，所以不会出现嵌合体问题，而且胚性愈伤组织高密度、高质量、遗传上稳定，可一次性获得大量植株，这为载体法转基因技术提供了良好的条件，而且目前常用的基因枪技术，一般也采用胚性愈伤组织，如果能得到胚性愈伤组织，也避免了出现嵌合体，而得到大量植株。在大麦（Mireille，1996）、鸭茅草（Denchev，1997）、水稻上都通过体细胞胚胎发生进行转基因而获得成功。

（三）快速繁殖

植物在产生胚性愈伤组织时，每一个细胞都发育成一个完整植株。而且胚状体具有两极性，可直接生成小植株，避免多次继代培养，造成感染。在胡萝卜、芹菜和苜蓿等作物中已建立了良好的体细胞胚胎发生体系。建立统一体系必须满足以下两个条件：①体细胞胚很容易诱导和控制；②体细胞胚能很好地维持下来或快速繁殖，遗传上稳定。[1]

---

[1] 李晓蕙，陈蕾. 植物细胞培养技术的发展与应用 [J]. 安徽农学通报，2006（7）.

第四章
植物花药和花粉培养技术

第一节　花粉培养技术

花粉培养是指："单倍体单细胞的培养，除用于诱导单倍体植株外，也是研究花粉细胞化、胚胎发生、形态建成的理想系统。"[1]离体培养的花粉粒与花药培养成苗途径相同，即有胚状体成苗和愈伤组织再分化成苗两条途径。但花粉培养需进行花粉的分离和特殊的花粉诱导培养。

一、花粉的分离

花粉分离方法有挤压法和漂浮释放法等。挤压法是用平头玻棒将置于液体培养基中的花药挤压破碎后去掉残片，或将经过预培养的花药置一定浓度的蔗糖液中压碎，用孔径大小适合的尼龙网筛过滤，最后在500～1000 r/min离心1～2 min，重复2次，收集沉淀。漂浮释放法是将低温处理后的花药接种于液体培养基上，进行漂浮培养。数天后花药开裂，花粉散落到液体培养基中，1000 r/min离心1～2 min，收集沉淀。

二、花粉的培养方法

从未经预培养的花药分离出的花粉，可直接接种于花粉培养基上，诱导愈伤组织和花粉胚。若将花粉置于水中或无糖培养基中培养数天，再转入花粉培养基，其"饥饿效应"有助于提高诱导率。从经过预培养3～6 d的花药中分离出的花粉，在离心纯化后接种于液体培养基中，培养3周后便可发生花粉胚，4～6周可长成小植株。

三、花粉培养的方式

（一）看护培养

看护培养（nurse culture）是由缪尔（Muir）于1953年创立的，它是将

---

[1] 陈世昌，徐明辉. 植物组织培养 [M]. 重庆：重庆大学出版社，2016.

亲本愈伤组织或高密度的悬浮细胞同低密度细胞一起培养，以促进低密度细胞生长、分裂的培养方法。花粉看护培养法具体操作如下：

在装有50 mL液体培养基的小培养皿中，用解剖针撕开花药释放出花粉，形成花粉悬浮液，最后稀释至0.5 mL培养基中，含有10个花粉粒的细胞悬浮液。看护培养时，把活跃生长的愈伤组织放在琼脂培养基表面上，然后在每个花药上覆盖一小块圆片湿润滤纸。用移液管吸取1滴已准备好的花粉粒悬浮液，滴在每个小圆片滤纸上（见图4-1A）。培养在25℃和一定光照强度下，大约1月长出花粉愈伤组织（见图4-1B）。愈伤组织和培养细胞可以是来自于同一类植物，也可以来自不同的植物。由于愈伤组织生长过程中会释放出有利于花粉发育的物质，并通过滤纸供给花粉，促进了花粉的发育。

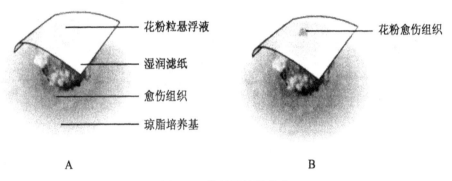

花粉粒悬浮液

湿润滤纸

愈伤组织

琼脂培养基

花粉愈伤组织

A

B

图4-1　花粉看护培养法

（二）双层培养

双层培养，即花粉置固体-液体双层培养基上培养。双层培养基的制作方法为：在培养皿中铺加一层琼脂培养基，待其冷却并保持表面平整，然后在其表面加入少量液体培养基。

（三）微室培养

微室培养（microchamber culture），即将花粉培养在很少的培养基中。具体做法有两种：①在一块小的盖玻片上滴1滴琼脂培养基，在其周围放一圈花粉，将小盖玻片粘在一块大的盖玻片上，然后翻过来放在一块凹穴载玻片上，用四环素药膏或石蜡-凡士林的混合物密封；②把悬浮花粉的液体培养基用滴管取1滴滴在盖玻片上，然后翻过来放在凹穴载玻片上密封。

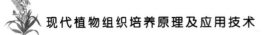

这种培养方法的优点是便于培养过程中进行活体观察，可以把一个细胞生长、分裂、分化及形成细胞团的全过程记录下来。缺点是培养基太少，水分容易蒸发，培养基中的养分含量和 pH 都会发生变化，影响花粉细胞的进一步发育。运用这个方法曾诱导油菜花粉形成多细胞团，但未能继续发育。

第二节　花药培养方法

一、花药培养过程

花药培养是："将一定发育时期的花药在适当条件下，通过两种途径发育成单倍体植株的过程，一是胚发生途径，即花药中的花粉经分裂形成原胚，再经一系列发育过程最后形成胚状体，进而形成单倍体植株，甜椒、茄子、大白菜、油菜等均可通过这种方式获得单倍体；二是器官发生途径，即花药中的花粉经多次分裂形成单倍体愈伤组织，再经诱导器官分化，形成完整单倍体植株。"[1]花药培养流程（见图4-2）。

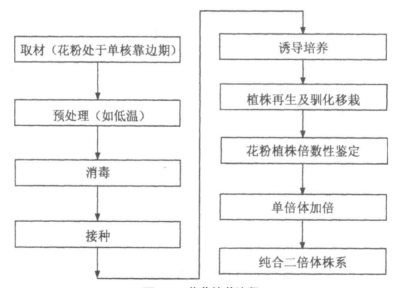

图4-2　花药培养流程

---

[1] 胡颂平，刘选明 . 植物细胞组织培养技术 [M]. 北京：中国农业大学出版社，2014.

（一）材料预处理

在培养前，将采集的花蕾或花序以理化方法处理能提高花粉植株诱导频率。处理方法有低温、离心、低剂量辐射、化学试剂处理等，其中最有效的是低温效应。低温预处理的时间及温度因材料种类不同而异。肖国樱研究认为低温预处理的作用机制是延缓花粉退化、维持花粉发育的生理环境、提高内源生长素浓度并降低乙烯浓度以及启动雄核发育等。朱德瑶等的试验研究表明，低温预处理使基因型材料间的差异和材料与天数间存在着明显的互作效应。张跃非等认为水稻花药培养前应进行低温预处理，以8℃处理8d为宜。

（二）消毒

从健壮无病植株采集花蕾，因为未开放的花蕾中的花药为花被包裹，本身处于无菌状态，可仅用70%酒精棉球将花的表面擦洗即可。[1]也可按对其他器官消毒处理方法进行，先用70%的酒精浸一下后，在饱和漂白粉溶液中浸10～20min，或用0.1%升汞液消毒7～10min，然后用无菌水洗3～5次。

（三）接种

接种时用解剖刀、镊子小心剥开花蕾，取出花药，注意去掉花丝，然后散落接种到培养基上，一个10mL的试管可接种20个花药。

（四）诱导培养

花药培养温度一般在23℃～28℃，脱分化培养需要暗培养，再分化培养需要光培养，每天11～16h的光照. 光照强度2000～4000 lx。经10～30d，可诱导生成愈伤组织或胚状体。

（五）植株再生及驯化移栽

将生成愈伤组织或胚状体转入植株再生培养基，在光照和温度条件不

---

[1] 杨秀红. 植物花药培养研究进展 [J]. 农业科技通讯，2012（7）.

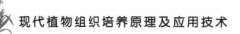

变的情况下，进行植株再生培养。待苗长出3～4片真叶，移到装有蛭石和草炭（3∶1）的小钵中进行适当炼苗后，即可移植于田间种植。

二、影响花药培养的主要因素

（一）基本培养基

基本培养基的选择因植物种类和品种而异。MS培养基和H培养基适合双子叶植物花药培养；B5培养基适合豆科与十字花科植物花药培养；Nitsch培养基适合芸薹属和曼陀罗属植物花药培养；而禾谷类植物的花药培养常采用N6、C17和W14等培养基。

（二）生长调节剂

生长调节剂的种类与浓度对花粉的启动、分裂、分化具有关键的作用。细胞分裂素和椰汁促进花粉分化成胚状体，生长素类尤其2，4-D促进愈伤组织形成，但2，4-D抑制愈伤组织分化成胚状体。高浓度生长素甚至可引起茄科花粉胚状体转化为愈伤组织。因此，诱导愈伤组织分化成苗，应将其转入无2，4-D或含有低浓度IAA、NAA与较高浓度细胞分裂素的分化培养基上。烟草、水稻等少数植物的花药可在不含生长调节剂的培养基上形成愈伤组织或花粉胚。

（三）蔗糖

蔗糖作为碳源和调节培养基渗透势的物质，其浓度对花粉愈伤组织诱导率有一定的影响，如诱导油菜、烟草花粉愈伤组织或胚状体的适宜蔗糖浓度是2%～3%，水稻则是4%～8%，甘蔗则高达20%，但对大多数植物来说是2%～4%。在许多植物花药和花粉培养中，诱导花粉形成愈伤组织阶段，宜采用较高浓度蔗糖，而愈伤组织分化成苗阶段宜用较低浓度的蔗糖。研究表明，有些植物如小麦、大麦、水稻等的花药培养用麦芽糖效果优于蔗糖。

（四）无机盐

培养基中高浓度的铵离子显著抑制花粉愈伤组织形成。铁盐对花粉胚状体发育很重要，如在Fe-EDTA浓度小于40μmol/L的低铁或无铁培养基上，烟草花粉胚只形成多细胞原胚体（球形胚）便停止发育。

（五）附加物

添加天然有机物如水解乳蛋白、水解酪蛋白、椰子汁、酵母提取液等，是对基本培养基组成成分和生长调节剂的补充，可提高花粉愈伤组织和胚状体诱导率，对促进其生长有良好的效果。此外，活性炭也能促进胚状体发育，提高花粉植株产量，且已经在烟草、油菜、马铃薯等植物中被先后证实。

第三节　花药和花粉培养的应用研究

花药和花粉培养所得单倍体植株，不能开花结实，本身无利用价值。应用于植物品种改良和新品种选育，形成了单倍体育种，有重要作用。[1]

一、单倍体植物在育种中的作用

（1）克服后代分离、缩短育种年限：常规育种中，杂交F2代起会出现性状分离，到F6代才开始选择，育成一个品种需8~10年。单倍体育种将F1或F2代花药进行培养，对所获得的单倍体植株进行加倍处理，获得稳定的纯合二倍体，下一代植株性状基本稳定，育种只需3~5年。[1]

（2）选择效率高：为常规育种的2n倍。

（3）有利于隐性基因控制性状的选择：杂交育种中等位基因的隐性基因被显性基因掩盖，不易显现出来，单倍体育种中隐性基因都被加倍纯合，利于选择。

（4）快速获得自交系的超雄株：利于异花授粉植物杂种优势的利用。

（5）其他：提纯复壮、远缘杂交。

[1] 郭奕明. 玉米花药培养和单倍体育种的研究进展 [J]. 植物学通报，2001（2）.

[2] 隋新霞. 小麦花药培养研究进展 [J]. 麦类作物学报，2005（7）.

二、单倍体植株染色体加倍方法

（1）自然加倍：通过花粉细胞核有丝分裂或核融合染色体可自然加倍，从而获得一定数量的纯合二倍体。

（2）人工加倍：用秋水仙素处理单倍体植物，使染色体加倍的方法。处理方式有秋水仙素溶液浸苗、处理愈伤组织，0.4%秋水仙素的羊毛脂涂抹田间单倍体植株的顶芽、腋芽等。

（3）从愈伤组织再生：将单倍体植株的茎段、叶柄等作为材料，在适宜的培养基上诱导愈伤组织产生，经反复继代后再将其转移到分化培养基，可以得到较多的二倍体植株（需进行倍性鉴定）。

第五章
植物胚胎培养技术与人工种子

第一节　植物胚胎培养技术及应用

一、植物胚培养技术及应用

在植物中，胚是一个具有全能性的多细胞结构，其有两种来源，一是有性来源，为合子胚；另一个是无性来源，为体细胞胚或不定胚。在正常情况和适宜的条件下，胚能发育成熟，并且可以直接播种生长成完整植株。胚培养技术主要是针对合子胚的培养，是现代生物技术应用领域的一个重要方面，具体是指将幼胚、成熟胚或整个珠心组织从活体的胚珠或种子中取出，置于一定的培养条件下（如适宜的培养基及激素配比、光照、温度等）进行离体培养，使其发育直至萌发形成完整植株的过程和技术。

植物在双受精以后，合子胚在胚囊中与其周围组织构成了一个有机结合的整体，并不断从中吸收营养物质，满足自身代谢的需要。并且胚的发育过程是相当复杂的，在外部形态发育（球形胚→心形胚→鱼雷形胚→子叶胚→成熟胚）的同时，其内部也发生着微妙的变化，对营养的要求也在不断变化，构成一个动态发育系统（Ramming，1990）。Raghavan（1976）根据这一变化特性将胚的发育分为两个连续的阶段，即异养阶段和营养阶段。异养阶段起始于受精卵的第一次分裂，此时的胚自身合成能力低，只能依靠消耗外界供应的营养而发育，直至发育至球形期。胚仍需周围环境特殊的营养供应，只有达到晚心形期时子叶发育及其内部分化开始，胚才能变得足够独立而自养，具备了多种合成能力，胚这时进入自养阶段。在胚所处的胚囊环境中，作为特殊营养物质供应的有氨基酸、碳水化合物、维生素、植物激素及其他主要代谢物质。尤其是很多种间杂种以及不同倍性、不同熟性的品种之间的杂交种，由于其遗传上和营养上的差异，导致合子胚与其胚乳的发育极不协调，从而导致胚的败育。因此，模拟胚囊环境下周围组织供给的营养成分制成培养基，对胚进行体外培养，则可能获得常规杂交育种所无法得到的杂种植株，来创造新的种质资源和遗传材料。胚培养正是出于这一思路进行研究应用的。

最早研究胚培养的可追溯到18世纪，Charles Bannet切取phaseolus的胚种植在土壤中得到植株，这是首次研究胚脱离母体而正常萌发。此后于1890年开始研究营养液培养离体胚。而真正采用含有各种有机和无机成分培养基培养离体胚开始于1904年。Hanning（1904）最先试验了幼胚的离体培养，他们将萝卜属和辣根菜属植物的未成熟胚培养在含有糖、无机盐、氨基酸和植物提取物的培养基中，使幼胚发育成正常的成熟胚。Laibach（1925年）在无菌条件下从亚麻属的种间杂交形成的不能正常发育的种子中剥离出未成熟的杂种胚，在含有10%～15%蔗糖的人工培养基上培养，使它们发育至成熟，并产生杂种植株，从而第一次证明，利用幼胚离体培养可以挽救在自然情况下败育的杂种胚。随后国内外研究者，尤其是育种家和植物学家，开始对植物胚培养做了大量的研究。尤其是在胚胎发育进程以及在种间杂交、远缘杂交无法获得正常发育的种子的胚挽救培养中发挥了巨大的优势和作用。目前胚培养技术已经被广泛地用于植物细胞、遗传研究和农作物育种工作。

（一）胚培养的意义

1.克服远缘杂交不孕和幼胚败育，获得种间或属间杂种

远缘种间或属间杂交是植物育种的重要手段，尤其是在长期品种间杂交单向选择造成基因贫乏的状况下，远缘杂交引入新的基因资源更加必要。但是，远缘杂交的一个难点是杂交不孕现象。不孕的原因可能是杂交不亲和，也可能是幼胚败育。杂交不亲和可以通过试管受精技术解决，幼胚败育现象则可以通过胚培养技术来挽救。目前该技术已广泛应用于多种作物（水稻、玉米、棉花、甘蓝、柑橘、猕猴桃和番茄等）的远缘杂交育种中，获得了一些有价值的杂种。

2.缩短育种周期

对于一些多年生植物，传统育种程序复杂，周期很长，应用胚培养技术则可以加快育种进程。例如，许多李属的果树种子萌发受抑制，若剥离胚进行体外培养则可短期正常萌发成苗。利用胚抢救技术以无核葡萄为母本进行无核葡萄的育种工作可以大大提高育种效率，使育种周期缩短一半。

核果类果树的早熟品种果实发育期短，胚发育不成熟，导致常规层积播种很难成苗，胚培养技术则能够有效提高早熟品种的萌芽率和成苗率，为核果类早熟以及特早熟品种育种工作的顺利开展提供了条件。迄今为止，国内外已通过胚培养技术培育出了许多桃、杏等植物的优良早熟品种或品系。

一些植物的种子如柑橘、芒果等存在多胚现象，其中，只有一个胚是通过受精产生的有性胚，其余的胚多是由珠心细胞发育而成，因此称其为珠心胚。在杂交育种中，由于珠心胚的存在，很难确定真正的杂种；且珠心胚生活力很强而杂种胚生活力低。使得杂种胚早期夭折，往往得不到杂

种苗。通过幼胚培养可解决这一难题。

3.获得单倍体植株

单倍体的诱导以及加倍后形成的高度纯合的加倍单倍体,在植物育种中具有重要的应用价值。通过远缘杂交结合胚培养技术是获得单倍体的有效方法之一。如栽培大麦与球茎大麦杂交,受精作用不难完成,但在胚胎发生的最初几次分裂期间,父本的染色体被排除,结果就形成了单倍体的大麦胚,然而受精后2~5 d胚乳逐渐解体。使得单倍体胚生长很缓慢。为得到大麦的单倍体植株,必须把幼胚剥离出来进行培养。

4.打破种子休眠,提早结实

一些植物的种子由于种胚发育迟缓存在生理后熟现象,另一些植物的种子因含抑制萌发的物质而处于休眠状态。通过幼胚培养可打破休眠,促使萌发成苗,提早结实。此外,胚培养可用于种子生活力的快速测定,且检测结果比常用的染色法更准确可靠。

5.建立高频再生体系

许多珍稀植物具有较高的利用价值,如红豆杉提取物紫杉醇是一种重要的抗癌药物,紫草根中的紫草素具有治疗烧伤、抗菌消炎和抗肿瘤等作用。因此,人们对这些植物的需求量很大。然而这些植物的自然繁殖系数低,大量采集、采伐很容易造成资源匮乏。为了克服供求矛盾,建立高频再生体系,加快繁殖速度是非常必需的。利用成熟胚培养技术加速苗木繁殖速度是一条重要途径。目前,已在小麦、水稻、苹果和山楂等植物开展了这方面的研究。

6.胚培养材料可作为转基因受体材料

植物转基因技术的应用范围正在逐渐扩大,在提高植物抗逆性、改善品质、提高产量等方面都在发挥重要作用。在水稻、小麦等植物基因转化研究中,幼胚愈伤组织是良好的受体材料。因此,建立这些植物的幼胚培养再生体系是非常必要的。

(二)胚培养的类型

离体胚培养可分为幼胚培养(immature embryo culture)和成熟胚培养(mature embryo culture)。离体培养中,这两类胚的成苗途径和所需营养条件不太一样。由于成熟胚生长不依赖胚乳的储藏营养,只要提供合适的生长条件及打破休眠,它就可在比较简单的培养基上萌发生长,形成幼苗。所以,培养基只需含大量元素的无机盐和糖即可。另外,成熟胚培养技术也要求不严,将受精后的果实或种子(带种皮)用药剂进行表面消毒,剥取种胚接种于培养基上，在人工控制条件下，即可发育成完整植株。

1.幼胚培养

幼胚指的是尚未成熟，即发育早期的胚。它较成熟胚难培养，要求的技术和条件也较高。幼胚培养时，常以3种方式生长：①继续进行正常的胚胎发育，维持胚性生长。②迅速萌发为幼苗，不能维持胚性生长。这种情况称为"早熟萌发"（precocious germination）。早熟萌发形成的幼苗往往畸形瘦弱，甚至死亡。③脱分化形成愈伤组织。许多情况下，幼胚在离体培养中首先发生细胞增殖，形成愈伤组织。由胚形成的愈伤组织大多为胚性愈伤组织，很容易分化形成体细胞胚并萌发形成植株。此外，通过胚培养获得的这种胚性愈伤组织亦是很好的遗传受体和分离原生质体的来源。所以，进行幼胚培养时，关键是维持胚性生长。幼胚对营养的需求较成熟胚复杂，以保证离体幼胚能沿着胚胎发生的途径发育。另外，为了获得远缘杂种，可通过培养远缘杂交后的幼胚来产生。胚培养研究最多的是荠菜（Capsella bursa-pastoris）和大麦，此外在曼陀罗属（Datura）、柑橘属和菜豆属中，也进行了大量工作。

2.成熟胚培养

成熟胚一般指子叶期后到发育完全的胚，主要来源于成熟种子，它已经具备了能够满足自身萌发和生长的养料。因此，这类培养相对比较容易，因为种胚仅需要含无机盐、蔗糖和琼脂的培养基就可以生长发育。成熟胚培养的目的主要是解除对种子萌发的抑制。

（三）胚培养过程

1.幼胚培养

（1）材料的选择与灭菌。

在胚培养中，由于植物类型以及实验的目的不同，对植物材料的要求也不一样。如作为一般的实验或示范，可选用大粒种子的豆科和十字花科植物便于操作，还要考虑到培养材料时胚发育时期的一致性。最好选择那些开花和结实习性有规律的植物，如荠菜植物具有总状花序，其中各个胚珠处于不同的发育时期。一般沿花序轴由上而下，胚龄逐渐增加。每个蒴果含20～25个胚珠，它们基本上处于同一个发育时期。如要培养处于一定发育时期的胚，必须了解该植物授粉后的天数与胚胎发育期间的相应关系。如培养的杂种胚在发育过程中发生夭折，则必须要确定在夭折前，将种子剥离下来进行培养。

取回大田或温室里种植的杂交植物的子房，用75%的酒精进行几秒钟表面消毒，再用0.1% HgCl$_2$灭菌10～30 min，无菌水冲洗，即可用于外植体的分离和培养。

（2）幼胚的分离及培养。

①幼胚的剥离。

将灭菌的材料在无菌条件下切开子房壁，用镊子取出胚珠，剥离珠被，取出完整的幼胚。因合子胚受珠被和子房壁的双层保护，属无菌环境，不需要再进行表面消毒，可直接置于培养基上进行培养。有些种子种皮很硬，须先在水中浸泡之后才能剥离。对于较小种子可借助显微镜分离，并及时转入培养瓶中进行培养。

在进行幼胚分离时，由于植物的种类及发育时期的不同，分离的技术和难度也不一样。如分离不同发育时期的荠菜幼胚时，把消毒的蒴果切开胎座区域，用镊子将外壁的两半撑开，露出胚珠。鱼雷胚或更幼小的胚位置都局限在纵向剖开的半个胚珠之中，在剥取这种未成熟胚的时候，将由胎座取下一个胚珠，然后用锋利刀片将其切成两半，而将带胚的一半细心剔除胚珠组织，即可把带胚柄的整个胚取出。在剥取较老的胚时，在胚珠上无胚的一侧切一小口，把完整的胚挤出到周围的液体中，整个操作过程必须小心，以免使胚损伤。在单子叶植物的幼胚分离中，以大麦研究较多，一般在显微镜下剔除颖壳，即可分离幼胚。

②幼胚的培养。

胚由异养转入自养是其发育的关键时期，这个时期出现的迟早因物种而异。Raghavan 在对不同发育时期的荠菜（C. bursa-pastoris L.）进行离体培养中，胚在球形期以前属异养，只有到心形期才转入自养。在这两个时期之内，培养中的胚对外源营养的要求也会随胚龄的增加而逐渐趋向简单。根据胚发育对营养要求的变化，并使荠菜胚由球形期不间断地发育成熟。

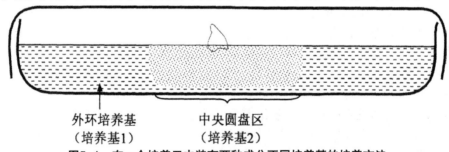

外环培养基　　　　　中央圆盘区
（培养基1）　　　　（培养基2）

图5-1　在一个培养皿中装有两种成分不同培养基的培养方法

Monnier（1976）介绍了一种固体培养方法，用这种方法可以使50μm长（球形早期）的荠菜胚在同一个培养皿中不需变动原来的位置就可完成全部发育过程直到萌发（见图5-1）。这个方法就是在一个培养皿中装入两种不同成分的培养基，在培养皿中央放一个玻璃容器，将第一种较简单的琼脂培养基加热融化，注入中央玻璃容器的外围，形成外环；待第一种培养基冷却凝固后，将中央的小玻璃容器拿掉，形成一个中央圆盘，然后在圆盘中注入成分较复杂的第二种培养基，将幼胚置于培养皿的中心部分的第二种培养基上培养。在幼胚培养过程中，幼胚从异养到自养先后受到两种成分不同的培养基的作用，从而完成幼胚发育的整个过程。

De lautour等（1980）对胚乳看护培养的方法做了改进（见图5-2）。他们把杂种离体幼胚嵌入到由双亲之一胚乳中，然后把二者一起放在人工培养基上培养。具体方法是利用车轴草（Trifolium Linn.）和山蚂蟥（Desmodium Desv.）植物杂种，把杂种胚和正常胚的荚果（后者用做看护胚乳的供体）进行表面消毒，放在衬有湿滤纸的无菌培养皿中，从带有杂种胚和正常胚的荚果中各取出其胚珠，把杂种胚通过脐状口嵌入到正常胚乳中，之后将含有杂种胚的看护胚乳转到人工培养基上培养获得成功。

杂种胚　　　　　　　　　　　　　　　　　　正常胚乳

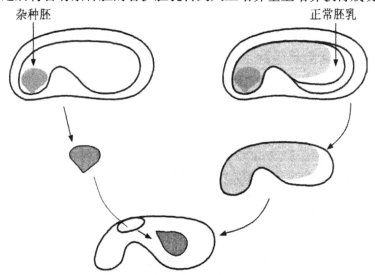

图5-2　车轴草和山蚂蟥属植物杂种胚的胚乳看护培养法

2.成熟胚培养

成熟胚培养是指子叶期至发育成熟的胚培养，在自然状况下，许多植物的种皮对胚胎萌发有抑制作用，需要经过一段时间休眠，待抑制作用消除后种子才能萌发。从种子中分离出成熟胚后进行体外培养，可以解除种皮的抑制作用，使胚胎迅速萌发。成熟胚已经储备了能满足自身萌发和生长的养分，因此在只含有无机营养元素、几种维生素和少量激素的简单培养基上就可培养。早期常用的培养基为Tukey（1934）、Randdolph和Cox（1943），后来也采用Nitsch（1951）和MS（1962）等较复杂的培养基。

成熟胚培养实质上是胚的离体萌发生长，其萌发过程与正常种子萌发没有本质差别，因此所要求的培养条件与操作技术比较简单。根据朱至清等（2003）的研究发现，大量元素减半的MS培养基适用于多种植物的成熟胚培养。成熟胚培养具有取材方便、方法简便、实验周期短、不受时间限制、愈伤组织生长快和一次成苗率高等优点，主要用于珍稀物种的萌发和某些繁殖困难植物的抢救等。

成熟胚的培养过程：

（1）培养基。

成熟胚在简单的培养基上就可以培养，一般由大量元素的无机盐和蔗糖组成。

（2）培养方法。

选取健壮优良的个体自交种或杂交种子，用75%的酒精进行表面消毒几秒至几十秒（消毒时间取决于种子的成熟度和种皮的厚薄）。将经过表面消毒的成熟种子放到漂白粉饱和溶液或0.1% $HgCl_2$水溶液中消毒5~15min，然后用去离子水冲洗3~5次，在超净台中解剖种子，取出胚接种在培养基上，常规条件培养即可（见图5-3）。

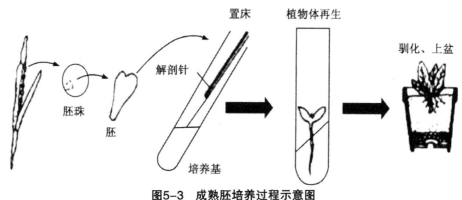

图5-3　成熟胚培养过程示意图

（四）胚生长方式和植株再生途径

1.胚生长的方式

常见的离体幼胚培养的生长发育方式有3种。

（1）胚性发育。

指胚只是在体积上增大甚至超过正常胚大小而不能萌发成苗；这种生长方式的幼胚接种到培养基上以后，仍然按照在活体内的发育方式生长，最后形成成熟胚，再按种子萌发途径出苗形成完整植株，这种途径发育的幼胚一般一个幼胚将来就是一个植株。[1]

（2）早熟萌发。

指幼胚接种后不再发育，迅速萌发成幼苗，多数情况一个幼胚萌发成一个植株，有时因细胞分裂形成许多胚状体，进而形成许多植株，即丛生胚现象。早熟萌发形成的幼苗往往畸形瘦弱，甚至引起死亡。所以在幼胚离体培养中，如何维持培养的胚胎进行正常的胚性生长，是胚培养的关键。

（3）愈伤组织。

在许多情况下，幼胚在离体培养中首先发生细胞增殖，形成愈伤组织，再分化成胚状体或形成芽苗。一般来说，由胚形成的愈伤组织大多为胚性愈伤组织，这种愈伤很容易分化形成植株。与成熟器官如叶片、茎或根及成熟种子的胚相比，由幼胚诱导形成的愈伤组织具有较强的植株再生能力，特别是在禾谷类作物如水稻、玉米、小麦、高粱和大麦中更是如此。

2.幼胚培养植株再生途径

（1）器官发生再生途径。

器官发生再生途径是指在组织培养的过程中，再生植株不是通过胚胎，而是通过分生组织直接分化器官，最终形成完整植株的过程。

植物的组织、细胞离体培养时，如果给予一定条件，就会使已分化成熟的细胞再重新分裂，增殖生长，这就是生长的诱导。由于分化的细胞恢复了分裂能力，细胞不断分裂，使细胞和组织逐渐失去了原有的分化状态，即脱分化，脱分化的结果就是形成愈伤组织。然后在形成的愈伤组织或继代培养的愈伤组织中形成一些分生细胞团，由分生细胞团分化成不同类型的器官。在这些分生细胞团形成一段时间以后，就能见到构成器官的纵轴上表现出单向极性（分化朝一个方向）。自然界中许多种植物的扦插极易形成不定根，而在组织培养最常见的再生器官类型也是根的形成。从同一种植物不同器官取得的外植体，在短期培养中往往容易诱导形成根，也可以不经过愈伤组织，在膨大的外植体上直接形成根，如烟草的髓组织、叶肉组织、叶脉，棉花子叶等，很多情况下都可产生根。各种植物的愈伤组织如水稻、玉米、油菜、棉花、烟草在一定条件下也易形成根，在愈伤组织的表面，根的分布通常不规则，故称为不定根。

在组织培养中，芽几乎与根一样，可以由植物不同器官的外植体在短期培养中诱导形成的愈伤组织上形成，也可以由外植体直接形成。一般茎尖培养或短枝扦插，常常是直接形成芽。但根和芽也可以在同一组织上形

[1] 梁春丽，赵锦.冬枣极早期幼胚培养成苗技术研究[J].园艺学报，2014（11）.

成，根据对组织培养中根芽形成的大量观察，一般来说，组织培养中先形成的芽在其基部很易形成根，而在培养物中先形成根，往往会抑制芽的形成。但也有先形成根后再形成芽的情况，在组织培养中通过形成芽和根而产生的再生植株的方式有三种：第一种在芽产生之后，在芽形成的茎基部长根而形成小植株；第二种是从根中分化出芽；第三种即愈伤组织的不同部位分别形成根和茎芽，然后逐渐在根与芽之间建立起维管系统形成完整植株。由于根芽分化所要求的培养基不同，目前试验中多采用先诱导芽分化，再诱导根分化的方法。

对于一些有变态茎叶的器官（如鳞茎、球茎、块茎等），在组织培养中也易形成相应的变态器官。如百合鳞茎的鳞片切块培养中，从分化出的芽形成小鳞茎，马铃薯的茎切段培养可以形成微型块茎。在组织培养过程中，很多花卉的鳞茎、叶片、花梗等器官经切片后进行培养均可以诱导出不定芽。目前，通过器官途径育苗已经在花卉组织培养中被广泛使用。

（2）胚状体再生途径。

胚状体分化是外植体诱导出愈伤组织后，形成类似于受精卵所发育的胚胎结构（即体细胞胚），最后由胚状体直接产生新的植株。最早是Stward（1958）在胡萝卜组织培养获得成功的。胚状体的形成与器官的形成过程相似，是从离体组织脱分化形成的，但是胚状体的发育过程与单极性器官茎、叶和根的发育不同。在胡萝卜细胞培养中形成胚状体时，要通过球形胚期、心形期、鱼雷期和子叶期等阶段，这与整体植物中受精卵的发育极为相似。Guha和Maheshiwarl（1964）从毛叶曼陀罗花药培养获得由花粉发育而来的生殖细胞胚状体。随后在伞形科的多种植物和其他科的植物细胞培养中都能产生胚状体，因此，胚胎发生的能力广泛存在，也是植物体细胞培养的一个基本特征。

（五）影响胚培养的因素

1.培养基
（1）无机盐。

用于胚培养的无机盐配方很多，互不相同。成熟胚培养的培养基主要有Tukey、Randoiph、White等较简单的培养基。在培养基中以大量元素和微量元素的无机盐为基本成分，此外还加入一定量糖类和一些生长附加物。用于幼胚培养的培养基有Rijven、White、Rangaswang、Norstog等以及常用的MS、B5、Nitsch等培养基。Monnier（1976）研究几种标准的无机盐溶液（包括Knop、Miller、MS等培养基）对荠菜胚培养的作用，发现在一定的培养基上，未成熟胚的生长和存活之间并不存在相关性，在MS培养基中，未成熟胚的生长最好，但存活率低；Knop培养基中，虽然毒性小，但胚的生长较差。Monnier配制了一种既有利于生长，也有利于存活的新培养基，他通过变动MS培养基中每一种盐分的浓度，提出一种新培养基，胚的生长和存活很好，与MS相比，培养基中K^+和Ca^{2+}比较高，NH_4^+水平低。另外，不同植物胚培养适用的培养基不同，如十字花科植物胚培养主要采用B5和Nitsch培养基，而核果类果树（桃、杏、李、樱桃等）采用MS培养基较多，禾谷类作物的幼胚培养多采用N6和B5培养基。

（2）碳水化合物。

培养基中的蔗糖在胚培养过程中具有三个方面的作用：调节培养基的渗透压、作为碳源和能源以及防止幼胚的早熟萌发。加入蔗糖保持适当的渗透压对未成熟的胚培养尤其重要，胚龄越小，要求渗透压越高，这是由于在自然条件下原胚就是被高渗液体包围着。随着胚的发育，营养物质不断由营养液转移至胚。蔗糖最适浓度因胚的发育时期而有明显差异，幼胚所处的发育阶段越早，所要求的蔗糖浓度越高，如球形胚一般要求蔗糖浓度8%～12%，而心形胚至鱼雷形胚则只要求蔗糖浓度4%～6%；但成熟胚在含2%蔗糖培养基中才能生长很好。

在未成熟胚的培养中，如果蔗糖浓度过低会引起胚胎过早萌发。如Pari等（1953）在培养小于0.3mm的曼陀罗（D. stramonium）胚时，发现其适宜的蔗糖浓度为5%，较低的蔗糖浓度对较大的成熟胚生长适合。郭仲琛等（1982）在水稻幼胚培养中也观察到类似情况，在不同胚长时，所需的蔗糖浓度也不一样。在胚长分别为1.0～1.1mm、2.0～2.5mm、5.0～5.5mm和10mm时，蔗糖的浓度分别为17.5%、16.0%、12.5%、6.0%。前面Monnier在培养皿中装两种培养基培养幼胚的方法时，中央与幼胚接触培养基，蔗糖含量可达18%。

（3）植物生长调节剂。

成熟胚一般不需要外源激素即可萌发，但加入激素可显著增加培养物的生长，尤其对休眠种胚，激素对启动萌发是非常必要的。幼胚培养的关键问题是应该使加入的生长调节物质和植物内源激素间保持某种平衡，以维持幼胚的胚性生长。激素浓度低，不能促进幼胚生长；激素浓度过高，幼胚发生脱分化而影响其正常发育。例如，大麦未成熟胚培养中，在有ABA存在的情况下，可明显抑制由GA3和KT所促进的早熟萌发，使胚正常发育。但是，如果附加的生长调节物质较多，则会引起培养的胚脱分化，形成愈伤组织，并由此再分化形成胚状体或芽。从另外一个角度讲，这种方式同样具有一定的研究和实际应用价值。例如，李浚明等（1984，

1991）通过这种方式，在小麦×大麦和小麦×簇毛麦（Haynaldia uillosa）的属间杂交中，得到了大量杂种植株，其中在小麦×簇毛麦的杂种后代中，还选择出抗白粉病的品系。

2.胚柄对幼胚培养的影响

胚柄是一个短命的结构，长在原胚的胚根一端，当胚达到球形期时，胚柄也发育到最大。研究表明，胚柄可参与幼胚的发育过程。一般胚柄较小，很难与胚一起剥离出来，所以培养的胚都不具备完整的胚柄。Cionini等（1976）研究表明，在胚培养中胚柄的存在对幼胚的存活是关键。红花菜豆中，较老的胚，不管有无胚柄的存在，均能在培养基中生长；但幼胚培养，不带胚柄会显著降低形成小植株的频率。因为胚培养中胚柄的存在会显著刺激胚的进一步发育，而且在胚发育的心形期就起作用。使用生长调节物质，如5mg/L赤霉素能有效地取代胚柄的作用。在红花菜豆中，心形期时胚柄中赤霉素的活性比胚本身高30倍，子叶形成后，胚柄开始解体，GA3水平开始下降，但胚中GA3的水平增高。当没有胚柄存在时，一定浓度范围的激动素可促进幼胚的生长，但其作用与赤霉素不同。

3.胚乳看护培养

尽管人们对培养基已做了不少改进，但培养早期胚和杂种未成熟胚仍很难成功。Ziebur和Brink（1951）采用大麦胚乳看护培养技术，成功地进行了大麦未成熟胚培养。Kruse（1974）报道，在某些属间杂交中，若把杂种幼胚接种在事先培养的大麦胚乳上进行培养，能显著提高获得杂种植株的频率。这说明培养基中含有同一物种或另一相近物种的离体胚乳对胚的生长发育有明显的促进作用。例如，在大麦和黑麦的属间杂交中，采用这种培养方法可使30%～40%的杂种幼胚培养成苗，而传统的胚培养成功率只有1%。

后来，一些学者对胚乳看护培养做了一些改进，把离体杂种幼胚嵌入到双亲之一或另一物种的胚乳中，而后将其置于培养基中进行培养。在车轴草属植物中，利用该方法获得了许多种间杂种。

（六）胚培养的主要技术

1.表面消毒

胚的表面消毒的方式与一般外植体消毒方式有所不同，因为种子植物的胚一般在胚珠中发育，胚珠又位于子房内，所以胚生长在无菌环境中，没有必要进行胚表面消毒，只要对带胚的成熟种子、整个胚珠以及果实利用常规消毒剂进行表面消毒，然后在无菌条件下取出胚，直接接种在适宜培养基上培养即可。但对于一些种子非常小、种皮高度退化、无功能性的胚乳的植物，如兰科植物，或从种子中难以剥离胚的一些植物的胚培养往往把整个胚珠进行培养，但表面消毒方法与胚培养相同。即将整个果实进行表面消毒后，在无菌条件下取出种子，接种在培养基上培养。

2.胚的剥离

在胚培养中，一个比较关键的技术就是胚的剥离，即必须把胚从周围组织中分离出来。胚分离的质量高低（剥离的胚是否完整）直接影响胚培养的效果。一般来说分离成熟胚比较容易，直接从种子中剥离即可。但对于一些种皮比较坚硬的种子如鸢尾属、仙客来属等，需先浸水膨胀之后再剥离胚。在分离幼胚时一般将种子喙部切去，然后在种子的后半部分采用机械挤压法挤出胚，在葡萄胚培养中常用这种方法。如果分离一些比较小的胚时，一般需要在解剖镜（90×）下利用镊子、解剖针、解剖刀等工具进行剥离胚。

3.胚乳看护培养

在胚培养中，对于发育早期的胚或在母体上发育容易败育的胚（如种间杂种、远缘杂交的胚）很难在人工培养基上继续生长，这是胚培养中经常面临的一个问题。有研究表明利用胚乳看护培养可以有效提高幼胚培养的成功率。胚乳看护培养是以正常的胚乳（去掉胚）作为培养组织，培养不成熟的杂种胚。胚在胚乳内的生长方式为胚性生长，胚乳提供了一种胚因素，而这种因素在人工培养基上没有。实践证明，胚乳看护培养对培养杂交幼胚非常有效，它可以使胚直接成苗。Ziebur和Brink（1951）将大麦未成熟胚（300~1100μm）置于大麦另一个种子的胚乳组织中培养，能显著促进未成熟胚的生长。此后，浅野义人等（1977）利用正常的胚乳作为培养组织，使大约60%的不成熟胚成活，并且是胚性生长，与正常胚相似，生长方式却与通常在培养基上看到的不同，并且分析了加入氨基酸的人工培养基与胚乳看护培养的不同，加入氨基酸的成分与正常胚乳分离出的氨基酸的种类与数量相同，结果表明这种培养基上缺乏所谓的"胚因素"，胚的生长方式不是胚性生长。Kruse（1974）将大麦与黑麦属间杂交的未成熟胚放置在培养的大麦胚乳上，与传统的胚培养方法相比，显著提高了杂种植株产生的频率。黄济明（1985）在麝香百合×玫红百合、王百合（L.regale）×玫红百合（L.amoenum）的远缘杂交中采用胚乳看护培养获得了杂种植株，特别是麝香百合×玫红百合的杂交中，由于胚龄小（27~29d），幼胚只在看护培养基上才发育较好，在仅加少量NAA的培养基上不能成活，由此可以看出胚乳看护培养对小胚的培养似乎更有效。一般来说，将胚乳作为看护培养组织，与使用胚胎发育同期的胚乳相比，使

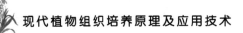

用比胚胎发育早5d的胚乳更有效。

4.胚的放置方式

在一些植物的胚培养中，离体胚在培养基上正确的放置方式对于胚培养也很重要。祁业凤（2004）在冬枣幼胚培养中采用胚平放在培养基上，其成苗率为3.7%。在西瓜成熟胚培养时，认为胚平放可提高胚培养效果（郑先波等，2005）。在玉米中，幼胚的盾片朝下接种方式可有效提高愈伤组织诱导效率，但李慧芬等（1999）在玉米自交系愈伤组织诱导中发现幼胚盾片的放置方式对出愈率无明显影响。在枣幼胚培养中，梁春莉（2005）采取先将种仁合点端插入培养基上，待胚萌发后，将萌发的胚根倒转使胚根插入培养基，进而使其生根成苗，促使冬枣幼胚成苗率达40%左右。分析原因，一方面可能是培养基所供给的营养对幼胚子叶的萌发效果较好，子叶的萌发促进胚根生长，更重要的一点可能是胚珠合点端所含的酚类物质较多，暴露在培养基外部更容易褐化，导致胚珠死亡，若将合点端插入培养基中使其减少与氧气接触的机会，可降低胚珠褐化现象，使胚培养效果更佳。

（七）胚培养的应用

1.克服远缘杂交不亲和性

远缘杂交中，由于胚乳发育不正常或杂种胚与胚乳之间生理上的不协调，造成杂种胚早期夭折。将早期幼胚进行离体培养进行胚挽救（embryo rescue），可克服这种受精后障碍，产生远缘杂种。胚挽救是指对由于营养或生理原因造成的难以播种成苗或在发育早期阶段就败育、退化的胚进行早期分离培养的技术。

2.打破种子休眠，缩短育种周期

许多植物的种子发育不完全或有抑制物存在而影响种胚发芽。例如，一些无胚乳种子（兰科）蒴果成熟时，胚龄幼小，需与微生物"共生发芽"；银杏种子脱离母体后，胚龄幼小，仍继续吸收胚乳营养，4～5个月后才能成为成熟胚；油棕（Elaeis guineensis）的种胚需要经过几年才能成熟。通过幼胚培养，可促使这些植物的幼胚达到生理和形态上的成熟而提早萌发形成植株。例如，通过胚培养可使鸢尾（Iris tectorum）的生活周期由2～3年缩短到1年以下；蔷薇属（Rosa）一般需1年才能开花，通过胚培养则可以在1年中繁殖2代。

3.提高种子萌发率

长期营养繁殖的植物，虽具有形成种子的能力，但其生活力较低，萌发成苗率低下，胚培养可促进这类种子萌发和形成幼苗。例如，芭蕉属（Musa）有许多结实的品种，自然情况下胚不能萌发，如果取出胚，在简单的无机盐培养基中就能很快使其萌发形成幼苗；芋（Colocasia esculenta）的块茎在自然条件下所结种子不能萌发，对其进行胚的离体培养，可促进萌发形成幼苗。

二、植物胚乳培养技术及应用

（一）胚乳培养的意义

胚乳培养（endosperm culture）是指将胚乳组织从母体上分离出来，通过离体培养，使其发育成完整植株的过程。胚乳组织是一种良好的实验材料，是胚发育过程中提供养料的主要场所，对于在成熟种子保留有胚乳的一些植物，胚乳是种子萌发时，为幼苗生长提供营养的组织。胚乳培养在理论上可用于胚乳细胞的全能性、胚乳细胞生长发育和形态建成、胚和胚乳的关系以及胚乳细胞生理生化机制等方面的研究。胚乳培养对于研究某些天然产物如淀粉、蛋白质和脂类的生物合成与调控具有重要意义。

胚乳离体培养可以较易获得三倍体。在裸子植物中，胚乳是由雌配子体发育而成的，所以是单倍体。而被子植物中胚乳是双受精的产物，是由两个极核和一个雄配子融合而成的，是三倍体组织。首先，三倍体植株的种子在早期会发生败育，因此可利用三倍体植株生产无籽果实。其次，三倍体植株比二倍体植株高大，生长速度快，生物产量高，这在以营养器官为产品的植物生产上具有重要价值。再次，三倍体植物的品质优于二倍体。因此胚乳培养对于提高植物产量与品质改良都具有重要意义。

（二）胚乳培养过程

1.外植体的制备

对于有较大胚乳组织的种子，如大戟科和檀香科的植物，可将种子直接进行表面消毒，无菌条件下除去种皮即可进行培养；对于胚乳被一些黏性物质层包裹的种子，如桑寄生科的植物，可先将整个种子作表面消毒，无菌条件下剥开种皮，去掉黏性物质，取出胚乳组织进行培养；对于有果实的种子，如槲寄生（Viscum coloratum）植物，将整个果实进行表面消毒，无菌条件下切开幼果，取出种子，小心分离出胚乳组织进行培养。

2.愈伤组织的诱导

在胚乳培养中，除少数寄生或半寄生植物可以直接从胚乳分化出器官外，大多数被子植物的胚乳，无论是未成熟或成熟的，都需要首先经历愈伤组织阶段，然后才能分化植株。胚乳接种到培养基上6～7d后，先是外植体体积膨大，然后在胚乳的表面细胞或内层细胞，分裂形成原始细胞团，往往在切口处形成乳白色的隆突，并不断增殖形成团块，成为典型的愈伤组织结构。多数植物的初生愈伤组织皆为白色致密型，少数植物为白色或淡黄色松散型（如枸杞）或绿色致密型（如猕猴桃）。

3.器官发生途径

愈伤组织诱导器官的形成，可通过器官发生型和胚胎发生型途径。器官发生型是先诱导愈伤组织，然后从愈伤组织中分化出芽；而胚胎发生型则是胚乳组织不形成愈伤组织，直接分化产生茎芽。通常以第一种器官发生途径为主。最早诱导器官分化的植物是大戟科的巴豆（Croto bonplandianum）和麻疯树（Jatropha panduraefolia），将这两种植物愈伤组织转移到分化培养基上，前者分化出根，后者分化出三倍体的根和芽。Srivastava（1973）罗氏核实木成熟胚乳培养中，愈伤组织在WT+KT 5.0 mg/L+IAA 2.0mg/L+CH1000mg/L培养基上，茎芽的分化达到85%，而且这些茎芽在同一种培养基上最终长成了4 cm高的小植株。

最初通过胚胎发生途径获得再生植株报道是柑橘的胚乳培养。柚的胚乳愈伤组织转到MT+GA31.0mg/L培养基上，分化出球形胚状体，之后在无机盐加倍和逐步提高GA3的培养基上，胚状体进一步发育形成胚乳再生植株。与器官发生型相比，在胚乳培养中，通过胚胎发生途径获得再生植株的植物有柚、檀香、橙、桃、枣、核桃和猕猴桃等。

4.三倍体后代的特征

（1）形态特征。

由于被子植物的胚乳是三倍体，因此通过胚乳培养可得到三倍体植株，产生无籽果实，或由其加倍成六倍体植物。无籽果实食用方便，多倍体植株比原形植株具有粗壮，叶片大而肥厚，叶色浓，花型大或重瓣，果实大但结实率低的特征。对这些变异形状，可以直接利用或作为育种材料，尤其在花卉新品种和药用植物新品种选育方面往往有重要的利用价值。

（2）胚乳再生植株的倍性。

在胚乳培养中，胚乳愈伤组织及再生植株的染色体数常常发生变化。例如，苹果（2n=34）胚乳植株根尖细胞染色体数的分布范围是29～56，其中多数是37～56，真正三倍体细胞只占2%～3%。枸杞、梨、玉米和大麦等的胚乳植株的染色体数也不稳定，同一植株往往是不同倍性细胞的嵌合体。

染色体倍性的混乱现象，在胚乳培养中相当普遍。对于胚乳培养的染色体倍性，根据已有的研究结果来看，多数胚乳培养都具有多种数目的染色体细胞组成。且多数细胞的染色体为非整倍体，具有三倍数染色体的细胞较少。而在有些植物的胚乳细胞培养中，表现了倍性的相对稳定性，这些植物胚乳细胞往往也能长期保持器官分化的能力，如核桃、檀香、橙和柚等。

影响胚乳细胞在培养中染色体稳定性的因素主要有：胚乳的类型、胚乳愈伤组织发生的部位以及培养基中外源激素的种类和水平。国内在苹果、桃、猕猴桃、马铃薯等植物的胚乳培养中获得再生小植株。猕猴桃是雌雄异株植物，胚乳的染色体两组来自母体，一组来自父本，胚乳培养，不仅可以获得三倍体植株和其他多倍体及非整倍体植株，而且对于研究植物性别的决定也很有意义。根据黄贞光等（1982）报道，猕猴桃来源于同一植株的胚乳，可以培养出三倍体和二倍体两种倍性的植株。ZT 3mg/L+NAA 0.5mg/L的培养基上，由愈伤组织培养出的胚乳植株，根尖染色体鉴定为二倍体，2n=58。而在ZT 3mg/L+2，4-D 1mg/L培养基上得到的胚乳植株的根以及胚状体的胚根，染色体倍性鉴定证明是三倍体2n=3x=87。表明培养基的外源激素的配比，不仅决定胚乳细胞的增殖和分化，而且影响细胞染色体的倍性的变化。

（三）胚乳培养的应用

理论上，培育三倍体最常用的方法是通过四倍体与二倍体杂交，但是，这个方法在大多数情况下杂交十分困难，所以胚乳培养可能是唯一的必然可行的技术。而胚乳培养的主要目的是为了获得三倍体植株，因为三倍体植株的典型特征是种子败育。这些性状增加了水果的食用价值，并使一些商业上具有重要价值的可食果实植物体现出所期望的优良性状，如苹果、香蕉、桑葚、葡萄、芒果、西瓜等。食用籽粒或种子的禾谷类植物或农作物，三倍体不符合需要。如果材质或木材产量不降低，林木种子败育并不是缺点，因为林木生产以营养器官为主，并且可以无性繁殖。这也适用于其他以收获营养器官为种植目的的植物。在这些植物中，三倍体的利用价值比同种二倍体或四倍体品种高。如颤杨（Populus tremuloides）三倍体纸浆用木材的质量最好，这是该树种生产的一个重要特征。

通常经过胚乳培养得到的愈伤组织或植株在细胞学上多出现高度的多倍体化，即有亚倍体和非整倍体。如果能得到这些非整倍体植株，就可以通过无性繁殖的方法保存下来，这对于植物育种来说是非常重要的。通过胚乳培养可以获得遗传变异丰富的材料，利用这些材料可以通过染色体加

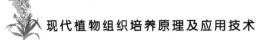

倍或体细胞融合等方法获得新的品种（系）。同时利用这些特殊材料，也可以进行一些特殊性状的遗传学研究，如建立缺体、端体系。

此外，由于胚乳是一种均质的薄壁细胞组织，完全没有维管成分的分化，因此对实验形态发生学研究来说，胚乳培养也是一极好的途径。

三、胚珠和子房培养

（一）胚珠和子房培养的意义

幼胚培养中，要取出心形期或比其更早期的胚进行培养，对培养技术的要求更高，分离也更困难，特别在兰科植物中，即使已经成熟的种子也非常小，操作起来就更困难，而分离胚珠和子房则比较容易。胚珠是种子植物的大孢子囊，是孕育雌配子体的场所，也是种子形成的前身。子房是雌蕊基部膨大的部分，由子房壁、胎座、胚珠组成。植物胚珠和子房培养包括已受精和未受精胚珠和子房的离体培养。未受精胚珠和子房的培养可与花药和花粉培养一样获得单倍体植株，但获得单倍体植株的频率较后者高。通过单倍体加倍，可快速获得异花授粉植物的自交系和无性系并发生隐性突变；通过单倍体培养中的变异可创造新的种质资源，这对植物遗传育种有重要意义。此外，未受精胚珠培养还是研究离体受精的基础。受精之后的胚珠与子房培养，可克服远缘杂交的败育现象，使杂种胚的早期原胚正常发育并萌发成苗；还可用于研究果实及种子的生长发育机理。

（二）影响胚珠和子房培养的主要因素

1.影响胚珠培养的因素

（1）培养基对胚珠培养的影响。

用于胚珠培养的培养基，较多采用White、Nitsch、MS等培养基。培养授粉后不久的胚珠，要求附加椰子汁、酵母提取物、水解酪蛋白等，同时还可添加一些氨基酸如亮氨酸、组氨酸、精氨酸等。

研究表明，在离体胚珠的发育中，培养基的渗透压起着重要的作用，特别是对幼嫩的胚珠更是如此。矮牵牛授粉后7d，胚珠处于球形胚期，将其剥离置于蔗糖浓度为4%～10%的培养基上，即可发育为成熟的种子。若胚珠内含有合子和少数胚乳核，适宜的蔗糖浓度为6%，而刚受精后的胚珠则为8%。

在进行胚珠培养时，胚珠的发育时期对其培养成功有很大影响。罂粟授粉后2~4d的胚珠，培养时所要求的培养基较复杂，在Nitsch培养基上即使附加酵母提取物、水解酪蛋白、激动素、生长素等，也不能促进胚珠的发育。而采用发育到球形胚期的胚珠，用简单的培养基就能成功。

（2）胎座和子房对胚珠培养的影响。

对于胚珠培养来说，胚珠授粉的天数，以及是否带有胎座，对培养的胚珠发育有显著的影响。如罂粟授粉第6天的胚珠，从胎座上切下来，置于添加维生素的Nitsch培养基上时，所经历的发育过程与正常的胚珠大体相同，移植后第20天的胚珠比自然条件生长的胚珠大，并且胚珠经过充分发育而形成成熟的种子，继续培养就会发芽形成幼苗。培养带有胎座或子房的胚珠时，所需培养基较简单，而且受精后不久的胚珠也容易发育成种子，所以进行单个胚珠培养不能成功时，可考虑用带有胎座或子房的胚珠一起进行培养。

（3）胚发育时期的影响。

在胚珠培养中，不同发育时期对胚珠培养成功有很大影响。一般合子和早期原胚较难取材，而且对培养基成分要求严格。有虞美人（Papaver rhoeas）合子期胚珠培养成功的报道，Maheshwari等（1961）培养罂粟授粉后6d的离体胚珠，获得了有活力的种子。培养发育到球形胚期的胚珠，较容易培养成功而获得种子，对培养基的要求不高。许多植物在有无机盐、蔗糖和维生素的培养基上培养即能获得成功，如果附加水解酪蛋白和椰子汁等，可促进其生长发育。

2.影响子房培养的因素

（1）材料的选择。

大量的子房培养研究证明，不同植物及不同品系植物间诱导产生单倍体植株的频率存在明显差异。例如，向日葵不同品种在培养中的差异十分显著，大体可分为3种类型：第一类是能诱导孤雌生殖，如"当阳"、"阿尔及利亚"和"B-11"等；第二类不能诱导孤雌生殖，但珠被体细胞能增生，如"苏32"、"辽14"和"观赏"等；第三类对培养的反应比较迟钝，既不能诱导孤雌生殖，也无体细胞增生，如"兴山"、"天津"和"夫尼姆克"等。

子房培养能否成功，除了受基因型影响外，其胚囊所处的发育时期对胚状体的诱导频率也起着关键作用。因此，选择适宜的时期进行未授粉子房的培养至关重要。未授粉子房培养以选择胚囊接近成熟时期的子房较易成功。由于胚囊的分离和观察都非常麻烦，所以在实际工作中常是根据胚囊发育与开花的其他习性和形态指标的相关性来确定，如距离开花的天数（一般是开花前2d）和花粉发育时期等。

（2）培养基。

比较常用的基本培养基是N6、MS、BN和改良MS（添加维生素 Bi4 mglL）。禾本科植物常用N6培养基，而其他植物多用MS和BN。不同的培养基对子房培养产生愈伤组织的诱导频率有明显影响。已授粉子房培养只需简单的培养基即可形成果实，并含有成熟种子。而未授粉子房的培养对培养基的要求很严格。

多数研究表明，未授粉子房培养必须加入适宜种类和浓度的生长调节剂，但不同植物所需的调节剂种类和配比各不相同。在百合未授粉子房培养时，2，4-D单独使用诱导频率为18.87%，2，4-D+6-BA诱导频率为33.73%，2，4-D+KT诱导频率为47.76%。

在未授粉子房培养中，蔗糖浓度多为3%～10%。一般在诱导培养阶段，蔗糖浓度相对要求较高，而在分化培养时蔗糖浓度相对要求较低。

（3）接种方式。

子房壁与花药壁相比，对营养物质的通透性较差，所以子房培养时应采用适于营养物质吸收的接种方式。在使用固体培养基时，接种方式是影响培养成功的关键因素之一。例如，在大麦未授粉子房的培养中，花柄直插较平放的诱导频率高6倍，这可能与材料的极性和营养的吸收有关。

第二节　植物离体授粉的方法

一、植物离体授粉的类型

根据无菌花粉授于离体雌蕊的位置，可将离体授粉分为三种类型，即离体柱头授粉、离体子房授粉和离体胚珠授粉（图5-4）。进行离体授粉时，从花粉萌发到受精形成种子以及种子萌发和幼苗形成的整个过程，一般均在试管内完成。

二、植物离体受精的方法

（一）试验材料的选择

实验最好选用子房较大并有多个胚珠的植物，如茄科、罂粟科、石竹科等。在这些植物中，其胎座上布满成百个胚珠。由于数量大，在分离过

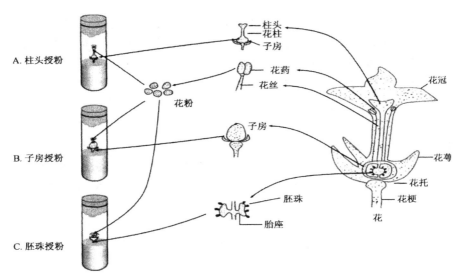

图5-4　离体授粉的3种方式示意图

程中仍有许多胚珠是完好无损的，因此容易在授粉后的进一步发育。上述几科植物的花粉易于在胚珠上萌发，花粉管能大量在胚珠和胎座上生长。

在单子叶植物中，最先在玉米子房离体受精中获得成功。后来采用胚珠离体受精也获得成功，由于在剥除玉米子房壁获取裸露胚珠的过程中容易造成损伤，可用刀片将未授粉玉米果穗块上的子房上部1/3切除，从而使胚珠外露。这种方法操作简便，在技术熟练情况下不易伤害胚珠，而且能在短时间内得到大量能正常发育的玉米胚珠。

不论雌蕊离体授粉还是胚珠试管受精，多保留母体花器官组织有利于离体受精成功，如小麦雌蕊离体授粉中，保留颖片有利籽粒发育。[1]在水稻试管受精中，可用尚未开花的稻穗作温汤去雄（45℃，5min）后，用待授粉的父本花药塞入母本的颖花中，然后将带有一段枝梗的颖花直插在培养基上，使花颖的基部和培养基接触。实验表明，带枝梗的颖花受精率高。

（二）离体受精的一般程序

离体受精的一般程序是：①确定开花、花药开裂、授粉、花粉管进入胚珠和受精作用的时间；②去雄后将花蕾套袋隔离；③制备无菌子房或胚珠；④制备无菌花粉；⑤胚珠（或子房）的试管内授粉。

---

[1] 谈晓林.被子植物离体授粉研究进展[J].云南农业大学学报（自然科学版），2010（7）.

为了避免意外授粉，用做母本的花蕾必须在开花之前去雄并套袋。开花之后1～2d将花蕾取下，带回实验室准备进行无菌培养。将花萼和花瓣去掉，把雌蕊在75%酒精中漂洗数秒，再用适当的杀菌剂进行表面消毒，最后用无菌水洗净，去掉柱头和花柱，剥去子房壁，使胚珠暴露出来。接种时，可将长着胚珠的整个胎座培养，或把胎座切成数块，每块带有若干胚珠，之后进行离体授粉。在进行离体柱头授粉时，需要对雌蕊进行仔细的表面消毒，不能使消毒液触及柱头，以免影响花粉在柱头上的萌发生长。对单子叶植物，每一朵花为一个子房（胚珠），但玉米则可用授粉前雌蕊，且子房有若干层苞叶保护，没必要进行表面消毒，可将果穗切成小块，每块带有2行共4～10个子房，可获得大量无菌胚珠来进行离体授粉。

三、影响离体授粉和受精后结实的因素

（一）影响离体授粉成功的因素

1.外植体

试管受精技术是克服自交或杂交不亲和性障碍的一种有效方法，但至今通过离体受精获得成功的例子仍然有限，从而限制了该技术的广泛应用。

（1）柱头和花柱的影响柱头是某些植物受精前的障碍，要克服这种障碍，必须去掉柱头和花柱。但根据叶树茂（1978）用烟草试验表明，保留柱头和花柱，试管受精良好。平均有80%的子房能结种子。去掉部分柱头，对产生种子影响不大；但把柱头和花柱全部去掉，子房结实率较低。

（2）胎座的影响在试管受精中，子房或胚珠上带有胎座，有利于离体受精的成功。至今试管受精的成功的大部分例子，都是用带胎座的子房或胚珠材料。同时多胚珠子房的离体受精也易成功。

（3）外植体的生理状态。在剥离胚珠或子房时，其生理状态对授粉后的结实率有明显影响。在开花后1～2d剥离的胚珠比在当天开花剥离的胚珠结实率高。玉米果穗进行离体授粉的适宜时期是在抽丝后3～4d。进一步研究表明，烟草中，利用授粉后剥离的未受精的胚珠比未授粉雌蕊上剥离下来的胚珠，经过烟草花粉离体授粉的结实率高。这是因为花粉在柱头上萌发或花粉管穿越花柱会影响子房内代谢活动，刺激子房中蛋白质的合成。因此，在离体授粉中，可以把剥离胚珠的时间选择在雌蕊授粉后和花粉管进入子房之前，从而增加离体授粉成功的机会。

2.培养基

试管内授粉后，如何保证花粉迅速萌发，并且有较高的萌发率，花粉

管能迅速伸长并在受精允许的时间内达到胚囊，实现受精过程，关键是培养基。常用于离体授粉的培养基为Nitsch、White、MS等。研究发现CaCl$_2$对离体授粉有很大影响，Kameya（1966）先将离体胚珠在1%CaCl$_2$溶液中蘸一下，然后立即用开放的花中采集到的花粉进行授粉，最后把受精的胚珠转到Nitsch培养基上。通过这种方法，获得了具有萌发力的种子，若不用CaCl$_2$处理则不能形成种子，可见Ca^{2+}离子具有刺激花粉萌发和花粉管生长的作用。培养基中蔗糖的浓度一般为4%~5%。在玉米中适合的蔗糖浓度为7%。在有机附加物中一般有水解酪蛋白、椰子汁、酵母提取液等。烟草胎座授粉后加入少量的激动素、生长素和这些附加物，能显著提高子房的结实数。

3.培养条件

在离体授粉中，培养物一般都是在黑暗或光照较弱的条件下。但 Zenkteler（1969，1980）发现，无论培养物在光照或黑暗条件下培养，离体授粉的结果没有差别。离体授粉培养的温度条件一般为20℃~25℃，在水仙植物中，15℃的培养条件比25℃条件下能显著增加每个子房的结实数。而在罂粟中则需要较高的温度条件。

（二）影响受精后结实的因素

1.培养材料的选择和处理。

胚珠或子房的发育时期不同，它们的受精能力也不同。有的植物开花前适于受精，而有的植物在开花后适于受精，所以在实验前，应了解其生殖特性，以提高离体授粉成功率。如玉米果穗进行离体授粉的适宜时期是抽丝后3~4d。

材料的处理也影响授粉成功率。柱头是某些植物受精的障碍，一般应切除柱头和花柱。但烟草等植物保留花柱和柱头有利于离体授粉。对于玉米，连在穗轴上的子房比单个子房离体授粉效果好。此外，胎座组织对离体授粉有利，目前离体授粉成功的多数事例，都是以带胎座的胚珠授粉的。

2.培养基。

离体授粉一般采用MS、Nitsch或B5培养基，以Nitsch培养基应用较多。离体胚珠（子房）培养的成活率以及离体花粉萌发率和花粉管的生长速度都直接影响离体授粉的成功率。而提高离体胚珠成活率，影响花粉萌发率和花粉管生长速度的主要因素是培养基。因此，要对培养基成分进行严格的筛选，如基本培养基、激素种类和浓度、渗透压和pH等。要选择有利于胚珠（或子房）培养和花粉萌发生长的培养基。

第三节 人工种子技术

人工种子即为人造种子，最初由著名植物组培专家Murashige首次在国际植物组织培养会议上提出，距今不到40年的历史，但伴随体细胞胚胎发生的研究，人工种子的研究取得了突飞猛进的发展，它不仅扩展了植物组织培养的领域，而且在农业生产中扮演着越来越重要的角色。

一、人工种子的概念界定

人工种子（artificial seeds）又称为合成种子（synthetic seeds）、无性种子（somatic seeds）或种子类似物（analogs of botanical seed），按照李佟庆等（1990）的观点，人工种子的概念可以分为广义和狭义两个方面。广义的人工种子主要包括：①经过或不经过适当干燥处理，不包裹成球，直接播种发芽的胚状体；②用Polyox将多个胚状体包裹成饼状物；③将胚状体混在胶质中，用流质播种法直接播种，或用凝胶包裹顶芽、腋芽和小鳞芽等。狭义的人工种子则是指将离体培养的胚状体包裹在含有营养和具有保护功能的物质中形成的、并在适宜条件下能够发芽出苗的颗粒体。[1] 现在人们所提到的人工种子，多是指狭义人工种子。人工种子具有种子的结构（见图5-5），一般由体细胞胚、人工胚乳和人工种皮 3 部分构成，人工种子在一定自然生长条件下能够萌发，并可发育成一个完整的植株。

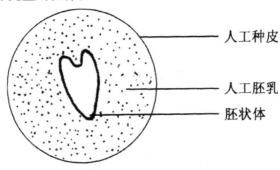

图5-5 人工种子的结构

---

[1] 胡颂平，刘选明. 植物细胞组织培养技术 [M]. 北京：中国农业大学出版社，2014.

（1）胚状体（或芽）。

人工种子的胚主要是指体细胞胚，它的质量是制作人工种子的关键。此外还有顶芽、腋芽、小鳞茎等也可以作为人工种子的胚。

（2）人工种皮。

人工种皮应具备的特点：对胚状体或芽无毒害，柔软且有一定机械抗压能力，能保持一定水分及营养物，允许种皮内外气体交换通畅，不影响胚萌发突破，播种后易于化解。目前，人工种皮常选用的材料有藻酸盐等水凝胶、琼脂糖、角叉胶等。[2]

（3）人工胚乳。

胚乳是胚胎发育的营养条件，因此人工胚乳的基本成分仍是胚发育所需各类营养成分。此外，还可根据需要添加激素、抗生素、农药等成分，以提高人工种子的抗性与品质。

二、人工种子的制备技术

典型的人工种子制备程序包括体细胞胚（或其他繁殖体）的生产、成熟与干燥、人工种子的包埋等。

（一）体细胞胚（或其他繁殖体）的生产

体细胞胚是人工种子制备的最佳繁殖体，因为它具有完整的种子结构，且繁殖速度快。作为人工种子核心部分的体细胞胚，必须达到一定的标准：①要有较高的同步化程度和活力，可规模化生产；②形态正常，具有完整胚结构；③与母体植物基因型基本相同，特别是重要经济性状上无变异（遗传稳定性好）；④具有较好成熟性，能耐受一定程度脱水。Choi等（2002）建立了人参体细胞胚大规模悬浮培养体系，每500mL容器可生产体细胞胚12000个。在体细胞胚发育至子叶期早期时，将其转入1/2MS无机盐附加9%蔗糖的培养基中诱导其成熟、休眠，获得良好效果。

近年来研究结果表明，以体细胞胚作为繁殖体并不适用于有些植物。由于诱导条件的影响，体细胞胚群体的变异比其他器官繁殖体的变异更大，难以保持母体品种的一致性，且有些植物的体细胞胚诱导十分困难。随着植物离体培养技术的不断完善，一些植物微型器官的规模化生产技

---

[1] 徐礼根，徐程. 植物人工种子的结构与功能 [J]. 草业科学，2000（8）.

术也相继诞生，给微器官作为人工种子繁殖体的应用奠定了基础。离体条件下诱导产生的微型营养变态器官，如块茎、鳞茎、球茎等，其器官体积小、成苗率高、不带任何病原物，可作为繁殖体用于人工种子制备。目前，已在马铃薯、百合、兰科植物、生姜（Zingiber officinale Roscoe）、芋属植物和薯蓣（Dioscorea spp.）等多种植物中成功诱导形成了营养变态器官。另外，直接从外植体上诱导形成的微芽、茎尖、不定芽也可作为繁殖体，其培养方式简单，且无高浓度的激素处理，产生的繁殖体能保持原有植物品种特性。作为人工种子繁殖体的芽必须生长健壮，同时要具有适宜体积，一般以1~3mm为宜，且叶片小、结构紧凑，便于包埋。

（二）人工种子的包埋

采用干燥法、液胶法、水凝胶法等进行人工种子的包埋。

（1）干燥法是最早采用的方法，主要依据聚氧乙烯，在23℃、相对湿度70%左右的黑暗条件下将胚状体逐渐干燥，包埋。如胡萝卜人工种子。

（2）液胶法是不经干燥胚状体，而是直接与流体混合后播入土壤中。不适于人工胚的包埋，且做成的人工种子成活率低，易死亡。

（3）水凝胶法是最常用的一种方法。用褐藻酸钠等水溶性凝胶经与Ca^{2+}进行离子交换后凝固，用于包埋单个胚状体（见图5-6）。

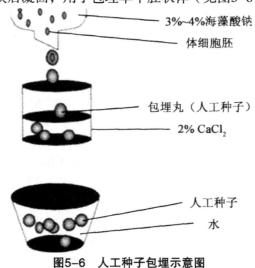

图5-6　人工种子包埋示意图

（三）人工种子的储藏与萌发

因农业生产的季节性限制，需要人工种子能储藏一定时间，适应生产要求。但人工种子含水量大，常温下易失水变干，因此，人工种子的保存是目前研究人工种子的一个难题。多数研究者把人工种子放在低温（4℃）下储存，有一定效果，但时间稍长，其萌发率明显降低。通过对人工种子进行脱落酸、蔗糖、低温及干燥处理，可增加储藏时间，如Polyox干燥固化制作的胡萝卜人工种子，4℃黑暗下可存活16d，用低温及脱落酸处理，存活率可从4%提高到20%，最高可达58%。海藻酸钙包裹胡萝卜体细胞胚制作人工种子时，发现失水率67%的人工种子，在2℃下储存2个月，发芽率仍达100%，成苗率达76%。随着超低温保存技术在种质资源保存方面的发展，其在人工种子保存方面的应用也日渐成熟，如人工种子经液氮储藏后，可直接在室温下自然解冻。

目前多数人工种子的萌发率仍较低，而在正常的土壤条件下萌发成苗率就更低。人工种萌发的幼苗中弱苗和畸形苗较多，其主要原因是人工种子的质量问题，包括体细胞胚的发育和成熟程度、遗传变异的影响等。研究表明，培养基中加入脱落酸，可明显提高胚状体的质量，增加成株率。用不良环境压力法，如次氯酸钠刺激法、高浓度糖法，诱导胡萝卜人工种子，可提高其发芽成苗的能力。

三、人工种子的应用前景

人工种子有巨大的应用潜力，已引起了世界各国的广泛重视。目前，国内外对30多种植物进行了人工种子的研究，包括经济价值较大的蔬菜、花卉、果树、农作物等。美国加州植物遗传公司（PGI）、植物DNA技术公司等已投入巨资进行研究。法国南巴黎大学于1985年研制出了胡萝卜、甜菜及苜蓿人工种子，他们预计2005年形成产业，并将三倍体番茄人工种子的研究纳入欧洲尤里卡计划。1985年，日本麒麟啤酒公司与美国合作研究了芹菜、莴苣与杂交水稻的人工种子。在美国，芹菜、苜蓿、花椰菜等人工种子已投入生产并打人市场。匈牙利已对马铃薯人工种子进行了大规模田间试验。我国也于1987年将人工种子研究纳入国家高科技发展规划（863计划），目前已有番木瓜、橡胶树、挪威云杉、白云杉、桑树等许多种林木及胡萝卜、芹菜等蔬菜作物的体细胞胚初步应用于制作人工种子。

尽管人工种子研究已取得了很大进展。但总的来说，在生产中还没有大规模应用，一个重要原因就是人工种子生产成本大大超过天然种子。但人工种子能够工厂化大规模生产、贮藏和迅速推广良种的优越性，使人工种子的研究和应用仍然具有十分广阔的前景。[1]随着体胚发生技术的发展和人工种子技术的成熟，生产成本也将逐步降低。人工种子将成为21世纪高科技种子业中的主导技术之一，在农业生产中发挥重要作用。

---

[1] 江桂华．人工种子克隆技术及其在农业上的应用 [J]．安徽农学通报，2006（6）．

第六章
植物原生质体培养及细胞融合

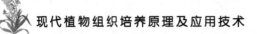

植物原生质体培养（plant protoplast culture）和细胞融合（cell fusion）是20世纪60年代初，人们为了克服植物远缘杂交的不亲和性，利用远缘遗传基因资源改良品种而开发完善起来的一门技术。原生质体是指用特殊方法脱去植物细胞壁且有生活力的原生质团。就单个植物细胞而言，除了没有细胞壁外，它具有活细胞的一切特征。目前，植物原生质体培养和细胞融合技术已基本成熟，并成为品种改良和创造育种亲本资源的重要途径。

第一节　原生质体的分离与纯化

原生质体（protoplast）指的是用特殊方法脱去植物细胞壁的、裸露的、有生活力的原生质团。就单个细胞而言，除了没有细胞壁外，它具有活细胞的一切特征。[1]植物原生质体被认为是遗传转化的理想受体，除了可以用于细胞融合的研究以外，还能通过它们裸露的质膜摄入外源DNA、细胞器、细菌或病毒颗粒。原生质体的这些特性与植物细胞的全能性结合在一起，已经在遗传工程和体细胞遗传学中开辟了一个理论和应用研究的崭新领域。

一、原生质体分离

（一）植物细胞膜的电特性和膜电位

植物细胞膜是一个由脂类和蛋白质等构成的双分子层膜，其物理性质类似于一个双电层，细胞的内外层带的是同种电荷。不同植物的细胞膜电位不同，同一种植物细胞倍性不同，而且在不同外界离子环境下其细胞膜的膜电位也不同。[2]了解植物细胞膜的电特性对细胞融合研究很有必要。

（二）植物细胞壁的结构及其化学组成

植物细胞壁可分为初生壁（primary wall）和次生壁（secondary

[1] 陈世昌，徐明辉.植物组织培养[M].重庆：重庆大学出版社，2016.
[2] 张红梅，王俊丽.植物原生质体游离培养及应用[J].河北林果研究，2002（12）.

wall），相邻两个细胞的初生壁之间存在中层（middle layer）（亦称胞间层）。初生壁的主要成分是纤维素、半纤维素和果胶，还有少量结构蛋白。纤维素是β-1,4连接的D-葡聚糖，可含有不同数量的葡萄糖单位；纤维素化学性质高度稳定，能够耐受酸碱及其他许多溶剂，是一种比较亲水的晶质化合物。半纤维素是存在于纤维素分子之间的一类基质多糖，它的种类很多，如木葡聚糖和胼胝质等。细胞壁内的蛋白质主要包括伸展蛋白、酶和凝集素等。次生壁主要由纤维素和半纤维素组成。次生壁分为外层（S1）、中间层（S2）和内层（S3），次生壁的分层主要是3层中微纤丝排列方向不同的结果。中层主要由果胶酸钙和果胶酸镁的化合物组成。果胶化合物是一种可塑性大而且高度亲水的胶体，它可使相邻细胞黏在一起，并有缓冲作用。果胶很容易被酸或酶等溶解，从而导致细胞的分离。

在细胞壁上常有附属结构。植物的某些细胞在特定的生长发育阶段可形成特殊的细胞壁，如花粉壁由孢粉素的覆盖层和基粒棒层构成花粉外壁外层和外壁内层Ⅰ，由纤维素构成外壁内层Ⅱ及内壁。

植物细胞壁的复杂程度因植物器官种类、成熟度、生理状态而异。选择原生质体分离的外植体材料时，一般选择较幼嫩的组织，最好选用试管苗、愈伤组织或悬浮培养细胞。这类材料的原生质体产率高，活性强，培养后细胞植板率高。

（三）降解细胞壁的酶类及细胞壁降解机理

用于植物原生质体分离的酶类有纤维素酶、半纤维素酶和果胶酶。

纤维素酶的商品酶主要有Cellulase Onozuka RS、Cellulase Onozuka R-10、GA3-867。其组分为CX组分（β-1,4-葡聚糖酶）、C1组分（含β-1,4-葡聚糖纤维二糖水解酶）和β-葡萄糖苷酶等。CX组分能使纤维素分子链分离，破坏微纤丝的晶态结构。C1组分和β-葡萄糖苷酶则催化纤维素分子链水解为葡萄糖。上述3种商品酶中Cellulase Onozuka RS和Cellulase Onozuka R10纯度高，毒害小。其中Cellulase Onozuka RS的活性是Cellulase Onozuka R10的2倍多，是理想的纤维素酶。常用浓度为0.5%~2%。

半纤维素酶的商品酶主要有Hemicellulase、RhozymeHP150。主要组分是β-木聚糖酶（1,4-β-D-xylan xylanohydrolase）和β-甘露聚糖酶（1,4-β-D-mannan mannohydrolase）。β-木聚糖酶作用于木聚糖主链的木糖苷键而水解木聚糖。伊甘露聚糖酶作用于甘露聚糖主链的甘露糖苷键而水解甘露聚糖。这两类酶均为内切酶，可随机切断主链内的糖苷键而生成寡糖。常用浓度为0.1%~0.5%。

　　果胶酶主要的商品酶有Maceozyme R-10、Pectolyase Y-23、Pectinase。其组分为解聚酶（又称多聚半乳糖醛酸酶）和果胶脂酶（又称果胶甲酯酶）。二者均能催化果胶质水解。解聚酶能催化以 α-1,4-键连接的半乳糖醛酸水解为D-半乳糖醛酸及其二聚物、三聚物等。果胶酯酶能催化果胶质的甲酯水解成甲醇及其二聚酸。果胶酶的一般酶制剂含有一些有害的水解酶类，如核糖核酸酶、蛋白酶、脂肪酶、过氧化物酶、磷脂酶、酚和盐等。使用前，应进行离心，并尽量缩短酶解处理时间。上述商品酶中，Pectolyase Y-23活性最强，其活性是Maceozyme R-10的近100倍，但处理时间不宜过长，一般不应超过8h。上述酶的常用浓度，Maceozyme R-10为0.2% ~ 2.0%, Pectolyase Y-23为0.05% ~ 0.2%, Pectinase为0.2% ~ 2.0%。Pectinase杂质较多，其酶液在过滤灭菌前必须离心去除沉淀，否则很难进行过滤灭菌。

（四）材料来源与预处理

1.材料来源

　　供体材料是影响原生质体培养成功与否的关键因素之一，不仅影响原生质体分离效果，也影响其培养效果。[1]原则上讲，植物的茎、叶、胚、子叶、下胚轴等器官组织以及愈伤组织和悬浮培养细胞，均可作为原生质体分离的材料，目前较多采用叶片来分离原生质体，但分裂旺盛的、再分化能力强的愈伤组织或悬浮细胞系，尤其是胚性愈伤组织或胚性悬浮细胞系是最理想的原生质体分离材料。如果选用愈伤组织或悬浮细胞系，要注意选择继代后处于旺盛分裂时期的材料。愈伤组织则同时要注意挑选淡黄色、颗粒状的材料。如果选用植株上的外植体，一定要注意植株的年龄、生长发育状态、外植体组织器官的成熟度等。应选择生长健壮植株上较幼嫩的组织，该类材料的原生质体产量高，活力强，培养后植板率高。最好事先培养无菌试管苗，可免去材料消毒程序，避免消毒液对材料的伤害，从而大大提高原生质体的活力。

2.预处理

　　为提高原生质体的产率和活性，常采用2种预处理方法：①低温处理。以叶片等外植体为试材时，一般放在4℃下，黑暗中处理1 ~ 2 d，其原生质体的产量高，均匀一致，分裂频率高；②等渗溶液处理。把材料放在等渗

[1] 孙雪梅.马铃薯原生质体培养研究进展 [J].黑龙江农业科学，2011（1）.

溶液中数小时，再放到酶液中分离原生质体，能提高其产量和活性。尤其是多酚化合物含量高的植物，如苹果、梨等，采用这种处理方法效果好。

（五）分离方法

运用有效手段去除亲本细胞的细胞壁，使原生质体得以脱离释放，此过程为原生质体的分离。原生质体分离的最基本原则是保证原生质体不受伤害及不损害它的再生能力。此手段包括机械法和酶法。

1.机械法

其缺点明显：产量极低，应用的材料受限制，操作极费力。因此，目前此法基本不采用，这里不再赘述。

2.酶法

分离原生质体经常规操作标记好直接亲本后，取年轻的菌体接入高渗溶液中，加入相关水解酶，在最佳条件下酶解细胞壁；酶解后，即可实现原生质体的分离。该法克服了机械法分离的缺陷，可以在短时间内获得大量的原生质体，但酶制剂中的杂质可能会对原生质体产生一定程度的危害。

同培养植物组织需要营养、控制培养物理参数等条件类似，要想获得活的植物原生质体细胞，必须要为其提供最佳的操作条件，包括培养基选取、菌体的培养方式、菌龄、稳定剂、预处理、酶的种类及浓度选取、环境条件等因素。

3.微原生质体的分离

有多种途径通过原生质体融合获得细胞质杂种。其中，将一亲本的原生质体与另一亲本的胞质体（cytoplasts）融合是获得细胞质杂种的较好途径。胞质体可以通过诱导原生质体分离形成。在离体条件下，原生质体能被诱导分离成的多个亚原生质体（subprotoplasts）或微原生质体（miniprotoplasts），含有细胞核的亚原生质体称为核质体（karyoplast 或 nucleoplast），无细胞核的部分称为胞质体。茄科植物的核质体能进行细胞分裂并再生植株，而胞质体不能进行细胞分裂，胞质体在胞质杂交中是非常有用的供体。制备微原生质体或胞质体的基本原理是，通过原生质体梯度离心产生不同的离心力，将原生质体分离成微原生质体。加入细胞松弛素 B 与离心相结合，更容易去掉细胞核，得到胞质体。

如图6-1所示，离心过程中由于离心力的作用，原生质体显著变形，被拉长。不同密度的细胞组分处于不同的渗透梯度中。细胞核组分密度大，朝向离心管底部，而含液泡的部分密度小，朝向离心管顶部。随着离心时间延长，细胞核部分（细胞核与一些细胞质）与含液泡的部分（液泡与细胞质）分离，产生有细胞核的微原生质体和液泡化的胞质体。

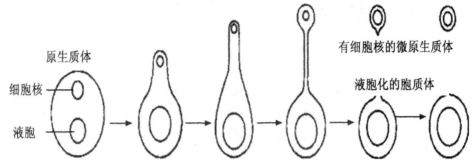

图6-1 在不同渗透剂密度梯度离心过程中微原生质体或胞质体的形成模式图

梯度离心的溶液组成、离心速度和细胞松弛素8处理取决于原生质体的类型。一般来说，梯度离心的组分有无机盐、蔗糖和改良硅胶（菲苛，Percoll）。有两种用于制备微原生质体的梯度组成成分，一是由不同渗透剂浓度组成的梯度溶液，含有细胞松弛素（梯度A：溶液Ⅲ，培养基中的原生质体；溶液Ⅱ，1.5mol/L山梨醇，50μg/mL细胞松弛素B；溶液Ⅰ，饱和蔗糖溶液）；二是由不同渗透剂浓度组成的梯度溶液，不含细胞松弛素（梯度8：溶液Ⅳ，0.22mol/LCaCl$_2$中的原生质体；溶液Ⅲ，0.5mol/L甘露醇，5%改良硅胶；溶液Ⅱ，0.48mol/L甘露醇，20%改良硅胶；溶液Ⅰ，0.45mol/L甘露醇，50%改良硅胶）。无论梯度A还是梯度B，必须将溶液Ⅰ到溶液Ⅳ依次分层置于离心管中，不要混合，形成不连续的梯度。在吊桶式转头离心机中放入有（2~5）×105个原个质体的10 mL离心管，梯度A在37℃下20000~40000 g之间离心15~20min，梯B在12℃下20000~40000 g之间离心49~90min。离心后，无细胞核的胞质体位于梯度溶液的顶部，而有细胞核的微原生质体在溶液Ⅰ和Ⅱ之间形成一条带。

用移液管小心吸出胞质体，重新悬浮在原生质体培养基中，用于原生质体融合。

二、原生质体的纯化

采用上浮法和下沉法两种纯化方法。上浮法是将酶解的原生质体与蔗糖溶液（23%左右）混合，下沉法是先将原生质体与13%的甘露醇混合，然后加到23%的蔗糖溶液顶部，形成一个界面。两种方法中，均在100r/min下离心5~10min，会在蔗糖溶液顶部形成一条原生质体带。用吸管将带轻轻地吸出来，用培养基悬浮离心，然后稀释到104~105/mL，用于培养和活力测定。

三、原生质体的活力测定

原生质体培养前通常要进行活力检查，以便知道其状态是否正常。测定原生质体活力的方法主要有观察胞质环流、测定呼吸强度和荧光素双乙酸酯（FDA）染色，其中最常用的是FDA法。常将丙酮配制成2mg/mL溶液，在冰箱（4℃）中保存。FDA本身没有极性，无荧光，可以穿过细胞膜自由出入细胞，在细胞中不能积累。在活细胞中，FDA经酯酶分解为荧光素，后者为具有荧光的极性物质，不能自由出入细胞膜，从而在细胞中积累，在紫外光照射下，发出绿色荧光；相反，如果是死细胞，则不会发出绿色荧光。

四、影响原生质体数量和活力的因素

（一）供试材料

1.材料的种类及生理状态

（1）叶片为分离材料。

叶片是使用最广泛的分离原生质体的材料。经处理可以促使一些植物的原生质体分裂，或者提高原生质体再生植株频率。预处理包括黑暗处理、低温处理和预培养。例如，甘蔗植株在黑暗条件下培养12 h后分离的原生质体才能分裂；而龙胆试管苗叶片在4℃下处理后原生质体才能分裂。将四倍体和双单倍体马铃薯3～4周龄试管苗上完全展开的叶片用于分离原生质体，原生质体分裂率和再生率高。当表皮细胞不容易去掉时，应将叶片剪成1～2 mm大小后进行酶解处理。如果在酶解剪碎叶片时结合适当的真空渗透处理，使酶液进入细胞间隙，能缩短酶解时间和提高叶肉原生质体产量。酶解前将叶片置于无酶的原生质体分离液中一段时间，使叶肉细胞发生质壁分离，以利于加入酶液后纤维素酶和果胶酶迅速消化细胞壁。

（2）愈伤组织的类型。

愈伤组织也常常用于分离原生质体。在植物组织的诱导、培养和继代过程中出现了多种类型的愈伤组织，这些愈伤组织在颜色、外部形态、质地和生长状况等方面都有着明显的差别。美味猕猴桃愈伤组织大致可分为4种类型：A型愈伤组织生长快，结构较疏松，外呈瘤状突起，培养一段时间后若不继代往往出现褐化；B型愈伤组织色泽鲜艳，质地较松脆或外松内实，易培养，常呈颗粒状；C型愈伤组织质地致密坚硬，表面有突起，生长

较慢5D型愈伤组织色泽暗淡，结构松散柔软，生长很慢或不生长，在培养过程中常逐渐褐化死亡。A型愈伤组织分离原生质体数量最多，但存活率较低；B型愈伤组织分离的原生质体不仅数量较多，而且存活率也高，是一种最适于分离和培养原生质体的愈伤组织；C型愈伤组织分离的原生质体数量较少，但存活率较高；D型愈伤组织分离的原生质体数量较多，但存活率低。因此，就美味猕猴桃而言，愈伤组织的继代培养和原生质体的分离中主要选B型愈伤组织。

与愈伤组织材料一样，胚性愈伤组织的状态对于原生质体的分离也存在差异。桉树胚性愈伤组织在发育过程中主要以3种状态存在：Ⅰ类为未分化的胚性愈伤组织，形态为黄色松软型，可自然散开；Ⅱ类为开始分化，但是在胚发育的初级阶段，形态为黄色和红色夹杂的愈伤组织，形态较松软；Ⅲ类为红色坚硬愈伤组织，这类愈伤组织已分化出大量胚状体，质地特别硬。3类愈伤组织继代15 d后，用于分离原生质体，结果发现，I类愈伤组织的原生质体的产量最高；Ⅱ类愈伤组织的原生质体产量明显下降；Ⅲ类则几乎没有游离出原生质体。因此，就桉树而言，Ⅰ类胚性愈伤组织状态更适合原生质体的分离。

愈伤组织的生理状态之所以对原生质体产量有大的影响，主要在于年龄较大或分化程度；较高的细胞其细胞壁厚难于去除，细胞已液泡化，即使去除细胞壁，原生质体也较易破裂。

对于一些植物尤其是禾本科植物来说，不容易分离到大量的叶肉原生质体，或者当叶肉原生质体再生细胞不能持续分裂时，悬浮培养细胞是非常好的分离原生质体的材料。与愈伤组织类似，只有生长分裂旺盛的悬浮培养细胞适合于作为分离原生质体的材料。此外，禾本科植物悬浮培养细胞的来源十分关键，用幼胚外植体诱导的胚性愈伤组织建立胚性细胞系，其原生质体再生细胞能通过体细胞胚胎发生途径再生植株。用非胚性细胞系分离的原生质体，大部分原生质体培养后只形成愈伤组织而没有形态发生的能力。

（3）悬浮细胞生长期。

取火炬松的胚性细胞悬浮系不同生长时期的悬浮细胞，用酶液处理，分离原生质体。结果表明，对数生长期的胚性悬浮细胞的原生质体产量和活力均最高。晚松细胞悬浮系对数生长期的悬浮细胞的原生质体产率和原生质体存活率也较高。由此表明，在以悬浮培养细胞作为原生质体分离的初始材料时，也要考虑到细胞的生长周期对分离产生的影响。

2.继代时间

继代培养时间较长的愈伤组织，分离原生质体产率低，较难分离。可能是由于细胞老化及细胞生理状态发生改变所致；也可能是细胞次生代谢物积累过多，使细胞生理活性降低。而继代培养时间短，愈伤组织因转代后恢复生长不久，形成的新细胞团较少，取材量小，同样影响原生质体的得率，因而在取材时一定要掌握好取材时间。

玉米愈伤组织继代培养16d，分离纯化得到的原生质体存活率在95%以上；而继代培养24d，分离纯化得到原生质体存活率仅为75%左右。说明玉米愈伤组织继代培养16d是分离原生质体的较好时期。继代培养不同时间的苹果愈伤组织及悬浮培养系分离原生质体的效果不同。继代10~15d的花粉愈伤组织较继代16~30d的同样材料分离得到较高产率和存活率的原生质体。

人参悬浮细胞培养7d继代一次的材料，分离得到的原生质体数量多，且容易分裂；14d继代一次的材料，分离得到的原生质体少，生理活性较低，不易分裂成细胞团。以罗田甜柿休眠芽茎尖诱导的愈伤组织为试验材料，发现继代10d的愈伤组织可以分离到较高产率和存活率的原生质体。而龙眼则以继代5d的悬浮细胞分离原生质体的效果最好。荔枝胚性细胞悬浮培养物，以继代3~4d的细胞分离的原生质体产率和存活率最高。

（二）前处理

由生长在非无菌条件下的植株上取来的组织，首先必须进行表面消毒。一般来说，消毒方法为器官和组织消毒的常规方法。根据一些研究表明，对禾谷类植物叶片进行表面消毒时，效果最好效率最高的方法是把它们用苄烷铵（Zephiran）（0.1%）—酒精（10%）溶液漂洗5min。叶片表面消毒的另一种方法是用70%酒精漂洗，然后再在超净台上使叶片表面的酒精蒸发掉。

要保证酶解能充分进行，必须使酶溶液渗入到叶片的细胞间隙中去，为达到这个目的可以采用几种不同的方法，其中应用最广泛的是撕去叶片的下表皮，然后以无表皮的一面向下，使叶片飘浮在酶溶液中。如果叶片下表皮撕不掉或很难撕掉则可把叶片或组织切成小块（约2mm^2），投入到酶溶液中。若与真空渗入相结合，这种方法不但十分方便，而且也非常有效。据报道，若以真空处理3~5min，使酶液渗入叶片小块，在2h内即可把禾谷类植物的叶肉原生质体分离出来。检测酶溶液是否已充分渗入的标准，是当真空处理结束后大气压恢复正常，小块叶片是否下沉。代替撕表皮的另一种有效方法是用石英砂摩擦叶的下表面。在酶处理期间进行搅拌或震动可以增加培养细胞原生质体的释放率和产量。

（三）酶液及酶解时间

酶制剂的纯度、浓度、活性以及酶解处理时间显著影响原生质体的产量和活力。要选择纯度高的酶类，并根据酶解材料细胞壁的特性及酶的活性确定适宜的酶液组合。酶浓度不宜过高，酶解时间也不宜过长（最好不超过8 h）。木本植物的细胞壁比草本植物坚厚，含有较多的半纤维素，分离原生质体时应适当添加半纤维素酶。配制的酶液要分装在试管中，–20℃冷冻保存备用。用过的酶液高速离心后冷冻保存，可以重复使用1~2次。要保证酶能够充分降解细胞壁，对于叶片组织来说，必须促使酶溶液渗入到叶片细胞的间隙中去。可以采取几种不同方法，应用最广泛的方法是撕去叶片下表皮，使无表皮面向下漂浮在酶溶液中。如果叶片的下表皮不易或很难撕掉，则可把叶片或组织切成小块（约1mm^2）放入酶溶液中。若加以真空促渗，则酶解效果会更显著。每种酶的活性都有其最适温度，一般为40℃~50℃，但这样的温度对于细胞来说就太高了。一般来说，分离原生质体时温度以25℃~30℃为宜。酶溶液中保温时间可以短至30min，长至20h。酶溶液的容积和植物组织数量之间的相互关系也影响原生质体产量。一般来说，酶解1g植物组织细胞壁用10mL酶溶液就可以产生令人满意的结果。

（四）渗透压稳定剂

在原生质体制备过程中，为了防止原生质体被破坏，一般要采用高渗溶液，以利于完整原生质体的释放。配制高渗溶液的溶质称为渗透压稳定剂。常用的渗透压稳定剂有甘露醇、山梨醇、蔗糖、葡萄糖、盐类等。在降解细胞壁时，渗透压稳定剂常和酶制剂混合使用。通常用渗透压稳定剂来稀释酶液。渗透压稳定剂中最常用的是甘露醇、蔗糖和山梨醇。如甘露醇常用于烟草、胡萝卜、柑橘、蚕豆等的原生质体制备；蔗糖常用于烟草、月季等植物；山梨醇常用于油菜等植物。

（五）质膜稳定剂

添加细胞质膜稳定剂有利于提高原生质体的产率和存活率。细胞质膜稳定剂的作用是增加完整细胞质膜的数量，防止细胞质膜被破坏，促进原生质体再生细胞壁和细胞分裂以形成细胞团。常用的细胞质膜稳定剂有葡聚糖硫酸钾、2–N–吗啉乙磺酸（MES）、无机钙离子（CaCl$_2$）和磷酸二氢钾等。葡聚糖硫酸钾能够抑制酶液内某些酶如RNA酶的活性，有助于质膜稳定，保护原生质体，对细胞壁的再生和细胞团的形成有促进作用。如在烟草的原生质体分离时，在酶液中加入葡聚糖硫酸钾，洗净酶液后进行培养，原生质体很快长细胞壁，而且分裂快，容易形成细胞团；而不加葡聚糖硫酸钾，原生质体经1周培养后即死亡。0.1% $CaCl_2 \cdot 2H_2O$能为膜蛋白所束缚，提高膜的钙含量可增加质膜稳定性。

（六）pH

酶液的pH值对原生质体的产量和活力影响很大。因植物材料不同所要求的pH值也有差异，一般为pH 5.5～5.8。如果原生质体的供体材料是植物组织器官，酶液中应加入pH缓冲剂，以维持稳定酶液的pH值。一般添加0.05～0.1 mol/L磷酸盐或3.0～5.0 mmol/LMES（吗啉乙磺酸）。

第二节　原生质体培养技术

一、原生质体培养方法

（一）固体平板培养法

原生质体的培养方法和对培养条件的要求常与单细胞培养相似。故原生质体的培养也可按照单细胞的平板方法进行。首先把原生质体悬浮在液体培养基中（密度为10^4个/mL左右），与高压灭菌后冷却至42℃～45℃的培养基（2倍固化剂浓度）用大口刻度吸管迅速等量混匀，并迅速转移到培养皿中，旋转培养皿，瞬间便凝固，用石蜡膜带密封，暗培养。培养基层不宜过厚，一般2～3mm。培养5～7d原生质体开始分裂，3周左右观察细胞植板率。待形成大细胞团后，转移到去除渗透压调节剂的新鲜固体培养基中继代培养。

近年来发现，用琼脂糖代替琼脂粉可以提高植板率。特别是对于那些在琼脂培养基上不易发生分裂的原生质体，使用琼脂糖可能会取得比较好的效果。低熔点琼脂糖可在30℃左右融化，与原生质体混合不影响原生质体的活力。[1]

---

[1] 胡颂平，刘选明．植物细胞组织培养技术 [M]．北京：中国农业大学出版社，2014.

（二）液体浅层培养法

此法是将一定密度（约2×10^5个/mL）的原生质体悬浮液移到培养皿或三角瓶中使之形成一个浅层（1mm）并进行培养。注意液层不宜太厚，否则不利于细胞对氧的吸收。培养期间每日需轻轻摇动2—3次，避免分布不均匀并帮助通气。本法的优点是培养基与空气接触面大、通气好，原生质体的代谢物易扩散，防止了有害物质积累过多而造成毒害。此外，转移培养物或添加新鲜培养基也方便，并便于观察和照相。

（三）双层培养法

即固体和液体培养基结合的双层培养，是在培养皿中先铺一薄层琼脂或琼脂糖等凝固的固体培养基，然后将原生质体悬浮液植板于固体培养基上。固体培养基中的营养成分可以慢慢地向液体中释放，以补充培养物对营养的消耗，同时吸收培养物产生的一些有害物质，有利于培养物的生长。此外，固体培养基中添加活性炭或可溶的PVP，能更有效地吸附培养物所产生的酚类等有害物质，促进原生质体培养。

（四）饲养层培养法

在动物干细胞培养中，最常用饲养层细胞进行培养。所谓饲养层细胞就是指一些特定细胞（如颗粒细胞、成纤维细胞、输卵管上皮细胞等已在体外培养的细胞），经有丝分裂阻断剂（常用丝裂霉素）处理后所得的单层细胞。

在植物细胞培养中，也可以借助动物细胞培养的方法，利用经 X 射线处理的细胞作为培养的条件因子，包埋在培养基中作为饲养层细胞，促进细胞分裂提高植板率，该技术叫饲养层培养。这种方法最初是Raveh等(1973)建立的一种在低密度下培养原生质体的方法。在一般情况下，当植板率低于10^4个细胞/mL时，烟草原生质体不能分裂，但是通过饲养层培养法，这些细胞可在低至10～100个原生质体/mL的密度下进行培养。这对于获得单细胞无性系、避免产生嵌合体来说，无疑是种很有效的培养方法。

1.饲养层细胞及处理

使用X射线照射的植物原生质体可以作为饲养层细胞，采用最适剂量的X射线照射原生质体，达到完全抑制原生质体分裂的目的。这一剂量能抑制细胞分裂，但并不破坏细胞的代谢活性。然后用液体培养基多次洗涤处理过的细胞，除去有毒的游离基团。对于分裂慢或不分裂的具有代谢活性的原生质体，不进行照射也可直接作为饲养层细胞。

可以选择与靶细胞的颜色不同的细胞或愈伤组织作为饲养层细胞，便于观察和区别。饲养层细胞与靶细胞可以是同种植物，也可以是比较远缘的植物，但二者必须都能在同一培养基上生长。例如，烟草原生质体饲养柑橘原生质体，胡萝卜细胞培养物饲养烟草原生质体和细胞等。

2.包埋培养

将饲养层细胞和靶细胞进行包埋可以采用2种方法，即混合培养和分层培养。混合培养是将饲养细胞（例如经射线处理的原生质体）和培养细胞（或称靶细胞）均匀包埋在琼脂培养基中，用常规平板培养法进行培养。分层培养饲养细胞与琼脂培养基混合平铺在培养皿底层，将靶细胞平铺培养在上层，进行常规培养。

该方法与看护培养具有一定的相似之处，都是利用细胞分裂过程中的活性物质作为条件因子，促进靶细胞的分裂。

（五）微滴法

使用一种构造特别的培养皿，培养单个原生质体及由这些原生质体再生细胞。这种培养皿具有两室，小的外室和大的内室。内室中有很多编码的小穴，每个小穴能装0.25~0.5μL培养基。把原生质体悬浮液的微滴加入到小穴中，在外室内注入无菌蒸馏水以保持培养皿内的湿度。把培养皿盖上盖子以后，用封口膜封严。对于单个原生质体分裂来说，微滴的大小是关键因素。每0.25~0.5μL小滴内含有一个原生质体，在细胞数对培养基容积的比率上相当于细胞密度为（2~4）×10^3细胞/mL。增加微滴的大小将会降低有效植板密度。有报道称，当微滴为2μL时，微滴中的单个细胞就不能分裂。在粉蓝烟草十大豆和拟南芥十油菜杂种细胞培养中，应用微滴法已取得了成功。

二、影响原生质体培养的因素

（一）原生质体活力

获得活力强的原生质体是培养成功与否的关键，直接影响细胞植板率。选择生长发育健康植株上的外植体，或旺盛分裂的愈伤组织，或旺盛

分裂的悬浮细胞系,并在酶解处理时酶制剂浓度不要过高,处理时间不要过长,可提高原生质体的活力。

(二)原生质体起始密度

与在细胞培养中的情况相似,在原生质体培养中也存在着密度效应,过高或过低均影响其分裂。一般培养的起始密度为(1~10)×10⁴个/mL。首先,密度过低细胞内代谢产物扩散到培养基中的量较低,导致细胞内代谢产物浓度过低而影响细胞生长和分裂;密度过高会因营养不良或细胞代谢产物过多而影响正常生长。其次,在一种高密度的情况下,由个别原生质体形成的细胞团往往在相当早的培养期就彼此交错地生长在一起,倘若该原生质体群体在遗传上是异质的,其结果就会形成一种嵌合体组织。在体细胞杂交和诱发突变体的研究中,最好是能获得个别细胞的无性系,为此需要在低密度下(100~500个/mL)培养原生质体或由原生质体产生的细胞。采用饲养层培养法可以降低培养密度。

(三)培养基成分

用于植物原生质体培养的培养基很多,一般来说,适合于愈伤组织生长和悬浮培养细胞生长的培养基都可以用于培养原生质体,只是有些有机和无机营养含量需要调整。MS、B5、Nttsch、N6和KM-8P培养基等经过改良均可用于原生质体的培养。需要指出的是KM-8P适合于培养低密度原生质体(100~500个/mL)。另外,原生质体培养基只能过滤灭菌,高温高压灭菌的培养基抑制原生质体的生长和分裂,不同植物的原生质体要求的培养基条件有较大差异,在改良和设计原生质体培养基时,可以从以下几个方面考虑。

1.渗透压稳定剂

原生质体培养基需要一定浓度的渗透压稳定剂来保持原生质体的稳定。渗透压稳定剂浓度应该与酶液中的渗透剂浓度一致,随着细胞壁的再生和细胞分裂发生,应逐渐降低原生质体培养基中的渗透剂浓度,直至与细胞培养基的渗透压一致。培养基中渗透剂浓度低,容易造成原生质体破裂,而渗透剂浓度高则抑制再生细胞分裂。常用的渗透剂有甘露醇、山梨醇、葡萄糖和蔗糖等。蔗糖既可以作为渗透压稳定剂,又是碳源,在马铃薯属、香豌豆、雀麦和木薯原生质体培养基中使用蔗糖作渗透压稳定剂比用葡萄糖或甘露醇好。不同植物原生质体要求的渗透剂浓度有很大差异,通常一年生植物所需要的渗透剂浓度低，变化范围在0.3～0.5mol/L之间；多年生植物特别是木本植物要求较高的渗透剂浓度，变化范围在0.5～0.7mol/L之间。

2.生长调节剂

植物生长调节剂（plant growth regulator，PGR）主要是生长素和细胞分裂素的浓度配比，在原生质体培养中仍起着决定性作用。但是，在原生质体再生细胞、分裂细胞团和愈伤组织形成以及诱导形态建成过程中，生长素和细胞分裂素的比例是不同的。原生质体培养初期，生长素浓度高，对原生质体再生细胞启动分裂、持续分裂和形成愈伤组织有利。不同植物的原生质体培养对生长调节剂的要求有较大差异。禾本科植物原生质体培养基大多用2，4-D，也有2，4-D与NAA、BA或ZT等相结合的。双子叶植物的原生质体培养需要2，4-D与NAA、BA或ZT等配合使用，生长素与细胞分裂素比例高有利于再生细胞分裂。柑橘原生质体培养不需要生长素和细胞分裂素。诱导原生质体来源的愈伤组织形态分化时，需要逐渐降低2，4-D浓度或去除2，4-D，同时降低NAA浓度或用IAA替代，诱导不定芽时应增加BA或ZT浓度。分化培养基中的激素比例变化取决于不同基因型或不同分化前处理的愈伤组织的差别。在玉米、猕猴桃等植物原生质体培养中，只有采用"分步诱导法"，即将愈伤组织依次继代于生长素降低和铵态氮提高的三种分化培养基，才能诱导愈伤组织产生胚状体或再生不定芽。

3.其他营养成分

与植物组织或细胞培养基不同的是，原生质体培养基中铁、锌和氨离子的浓度较低，钙离子浓度是前者的2～4倍，氮源以硝态氮为主，铵态氮浓度较低。钙离子浓度较高能提高原生质体的稳定性，原因是钙能保持原生质体质膜的电荷平衡。高浓度的氨态氮抑制原生质体生长，相反，高浓度硝态氮有利于原生质体和细胞生长。在猕猴桃原生质体培养中，将硝态氮和铵态氮浓度分别从18.4mmol/L和9.0mmol/L改变到17.5mmol/L和4.5mmol/L后，原生质体分裂频率从4.95%提高到10.4%。不同植物原生质体培养对氮元素的用量与比例要求有较大差异，要以培养的对象及实验条件而定。有机还原氮对一些原生质体培养有促进作用。水稻原生质体培养中氨基酸替代无机氮，能促进原生质体再生细胞的分裂和提高植板率。有的原生质体培养基中添加谷氨酰胺、天冬酰胺、精氨酸、丝氨酸、水解乳蛋白或水解酪蛋白等也获得了较好的结果。

在原生质体培养中维生素含量基本与相应的组织和细胞培养基中一致。但是，提高肌醇浓度能明显促进龙葵原生质体生长发育，使细胞第一次分裂率增加2～3倍。添加其他有机物也有利于原生质体培养。例如，在原生质体培养基中加入2%聚蔗糖（ficoll）后，甘蓝型油菜的叶肉原生质体分裂频率增加2倍。在分化培养基中添加多胺化合物如腐胺、精胺、亚精胺以及抗氧化物质如甘氨酸、PVP-10、n-丙基没食子酸、谷胱甘肽和活性炭等，对甜樱桃（Prunus avium）、甜菜与黑麦草原生质体再生细胞分裂和形态分化有较大的促进作用。

虽然有些时候根据完整细胞和组织对培养条件的要求，可以推测出适于其原生质体培养的培养基成分，但认为原生质体在培养中的表型与无壁细胞相当的这样一种简单概念并非总是正确的。例如，去掉细胞壁以后，培养的冠瘿瘤细胞就会失去其生长调节物质的自主性，而在多细胞阶段，这种自主性又得到了恢复。同样豌豆根尖原生质体对培养调节的要求与其细胞也有所不同。研究者发现，刚分离出来的禾谷类植物原生质体对培养基中的植物激素很敏感，但由这些原生质体再生的细胞则可转移到含有生长素和细胞分裂素的培养基中诱导分裂。

三、原生质体再生

原生质体含有细胞的全部遗传物质，但其本身不能进行正常的增殖，必须恢复到完整的细胞形态（也就是重新生成细胞壁）才可以。此过程大致分三步：第一步，原生质体会生长，细胞也要调动各种酶类和成分合成细胞器的组成大分子物质；第二步，合成生成细胞壁，包括细胞壁组成大分子的合成、组装与恢复；第三步即是完整细胞的分裂繁殖、生长和特征再现。

影响原生质体再生的因素有很多，主要都是此过程中涉及的方方面面，首要因素是原生质体本身的特性，这决定了其再生能力的大小。其他因素如下。

①菌体的生理状态。细胞要处于活化状态，年轻菌再生能力要相对强一些。

②稳定剂的选取加入。原生质体没有细胞壁的保护，要想存活必须生活在高渗溶液中，否则容易破裂，稳定剂的种类有糖系统、醇系统和无机盐系统。前两者主要应用于细菌、放线菌和酵母菌，后者主要用于霉菌。

③作用酶的浓度和时间。酶的浓度不宜过大，作用时间也不宜过长。

④原生质体再生时的密度。密度过大，因为生长争营养、争空间的缘故，先生长起来的会抑制后生长起来的。

⑤再生方法。因为原生质体没有细胞壁的支撑保护，不能够抵抗高强度的涂布摩擦，所以不能用玻璃涂布器，否则易于破裂。一般采用类似噬菌体检验时的噬菌斑夹层法。

另外，培养基的组成等也是很重要的影响因素，在操作时要注意。

四、原生质体培养的应用

通过植物原生质体培养可以进行原生质体融合、外源基因的转化、植株的再生、次级代谢物的生产和进行生物转化等。

（一）利用原生质体融合获得融合细胞

通过原生质体分离得到的两种原生质体，在聚乙二醇（PEG）、聚赖氨酸等助融剂的作用下，或通过振动、电刺激等方法，可以进行原生质体融合，获得异核体（包含有两个不同细胞核的原生质体）。再经过细胞壁再生、细胞核融合、体内基因重组等，由异核体变为合核体，从而获得具有新的遗传特性的融合细胞。

（二）利用原生质体进行外源基因的转化

通过体外基因重组获得的重组质粒等，可以通过转化进入原生质体。由于原生质体除去了细胞壁这一扩散障碍，重组质粒等外源DNA更容易穿过细胞膜进入细胞内，经过细胞壁再生、体内基因重组等而获得具有新的遗传特性的转基因细胞。再通过细胞培养，获得外源基因表达的产物。

（三）利用原生质体再生植株

原生质体虽然去除了细胞壁，但是仍然保留其全套遗传信息，具有分化发育成完整植株的能力。所以，可以利用原生质体特别是经过外源基因转化或者原生质体融合后获得的具有新的遗传特性的原生质体进行细胞壁再生，形成由原生质体再生得到的单细胞和细胞团，再经过植物胚状体培养，分化成植株，而获得具有新的遗传特性的植物新品种。

（四）利用固定化原生质体培养生产次级代谢物

通过固定化原生质体培养，可以使原来存在于细胞内的某些次级代谢产物较多地分泌到细胞膜外，而直接从培养液中分离得到所需的产物。

（五）利用原生质体进行生物转化

通过原生质体中存在的酶或者酶系的催化作用，可以将酶作用的底物转化为所需的产物。由于原生质体去除了细胞壁这一扩散障碍，增强了细胞膜的透过性，有利于底物和产物的进入和排出，可以提高转化效率。

第三节　原生质体融合

原生质体融合是指："两种异源原生质体，在一定的条件下相互接触，发生膜融合、细胞质融合和核融合并形成杂种细胞，进一步发育成杂种植株的过程，也称体细胞杂交（图6-2）。"[1]原生质体融合不仅可以克服植物远缘有性杂交不亲和性障碍，而且为广泛重组遗传物质、形成新的物种、创造细胞质杂种和培养作物新种质开辟了新的途径。此外，原生质体融合技术也为细胞生物学和遗传学研究提供了一个新途径。

一、原生质体融合的方法

原生质体的融合一般可以采用以下几种方法来进行。[2]

（1）化学法–PEG结合高Ca^{2+}、pH诱导法　亲本原生质体制备好后，即可进行融合。在自然条件下融合概率极低，所以要人为促进融合。现在主要采用的化学试剂为聚乙二醇（PEG）。聚乙二醇是一种多聚化合物，常用浓度为30%~50%，随微生物种类不同而异：酵母菌原生质体融合时采用低浓度，常用浓度在20%~35%；真菌在30%左右效果较好，低于20%失去稳定性，导致原生质体破裂，高于30%会引起原生质体皱缩，过高还会产生中毒现象；链霉菌适宜浓度为0~50%。

（2）物理法——电融合和激光融合

①原生质体电融合是起始于20世纪80年代的细胞改良技术。在交流非均匀电场作用下，细胞受到电介质的作用，脉冲冲击原生质膜使其分子式

[1] 陈世昌，徐明辉. 植物组织培养（第3版）[M]. 重庆：重庆大学出版社，2016.

[2] 王娟娟，贾彦军. 微生物原生质体融合方法的综述 [J]. 畜牧兽医科技信息，2005（10）.

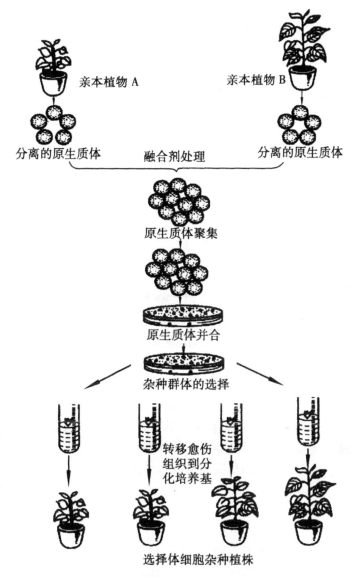

亲本植物 A

亲本植物 B

分离的原生质体

融合剂处理

分离的原生质体

原生质体聚集

原生质体并合

杂种群体的选择

转移愈伤
组织到分
化培养基

选择体细胞杂种植株

图6-2　植物原生质体融合与植株再生

打散，原生质膜在自我恢复过程中出错，造成分子重排，从而发生融合。其原理如图6-3所示。电融合法的优点：融合率高、重复性强、对细胞伤害小；装置精巧、方法简单、可在显微镜下观察或录像观察融合过程；PEG诱导后的洗涤过程、诱导过程可控性强。

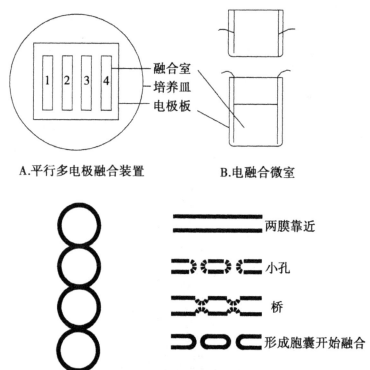

A.平行多电极融合装置　　　　B.电融合微室

融合室
培养皿
电极板

两膜靠近
小孔
桥
形成胞囊开始融合

C.交流电场中排列的原生质体　　D.两原生质融合过程

图6-3　电融合诱导法原理

②激光融合是让细胞或原生质体紧密贴在一起，再用高峰值功率激光照射，击穿原生质膜，质膜在恢复过程中处于高张力状态，弯曲融合。该方法毒性小，损伤也小，但所需设备复杂昂贵，操作难度大。

二、融合子的检出

经融合再生，生成的细胞中有融合子，有杂合体等非真正意义上的重组体，这些形态的细胞都能在平板上形成菌落，还需要进一步应用确切手段进行检出鉴定。常用方法如下。

（1）利用做好的遗传标记检出融合子　该法是根据在分离的培养基上只有融合子生长而不能让双亲本原生质体生长并形成菌落。对于以营养缺陷做遗传标记的菌株来说，将混合菌直接用基本培养基就能检出融合子，因为双亲本本身是营养缺陷型，其表型表现为在基本培养基上不能生长，必须在添加了生长因子的基本培养基或完全培养基上才能生长成菌落；对以耐药性作为遗传标记的菌株来说，则需要用加有抗生素的筛选培养基平板来进行分离检出。

（2）荧光染色法检出融合子准备双亲本时，提前使其各染上不同的荧光色素标记，然后在显微镜和荧光显微镜下，挑取同时具有两种荧光标记的细胞，转接培养即可。

在双亲本菌株中加入的荧光色素对原生质体活力无影响，携带色素的亲本原生质体能正常进行融合并再生。操作时注意，两种荧光染料的区分要明显，易分辨。

（3）利用双亲本对营养成分的要求不同检出融合子利用亲本菌株对各种营养成分的利用差异，尤其是碳源的利用差异，结合其他特性分离筛选融合子。

三、融合体的培养和发育

融合初期，不论亲缘关系远近，几乎都能形成各种融合体，因亲缘关系远近和细胞有丝分裂的同步化程度等因素，会得到几种不同类型的产物，包括异源融合的异核体，含有双亲不同比例的多核体，同源融合的同核体，不同胞质来源的异胞质体（heteroplasmon）。异胞质体大多是由无核的亚原生质体与另一种有核原生质体融合而成。

亲缘关系对融合体的发育影响很大，在种内和种间融合的异核体大多数能形成杂种细胞，并形成可育的杂种植株。在有性杂交不亲和的种属间融合，有时也能形成异核体，但在其后的分裂中，染色体往往丢失，难以得到异核体杂种植株，即使得到再生植株，也往往植株不育，如马铃薯和番茄。

融合体在培养过程中，主要发生3个过程。

（1）细胞壁再生与原生质体的壁再生过程相似，但稍滞后。一般培养 1~2d后，在电子显微镜下可看到融合体表面开始沉积大量纤维素微纤丝，进一步交织和堆积，几天后便形成有共同壁的双核细胞。

（2）核融合细胞融合后得到的是一个有异核体、同核体以及多核体等的混合群体。异核体双亲细胞的分裂如果同步，其后的发育有两种可能：一种是双亲细胞核进行正常的同步有丝分裂产生子细胞，子细胞的核中含有双亲的全部遗传物质；另一种是双亲细胞核的有丝分裂不同步或同步性不好，双亲之一的染色体被排斥、丢失，所产生的子细胞只含有一方的遗传物质，不能发生真正的核融合。

（3）细胞增殖有些植物的融合细胞形成杂种细胞后，如果培养条件合适则继续分裂形成细胞团和愈伤组织。有些植物的细胞则中途停止分裂，逐渐死亡。

生长正常而旺盛的杂种愈伤组织，如果在异核体生长的培养基中继续培养，它会不断增殖细胞，但不会分化成植株，而且会逐渐丧失分化能力。因此，应抓住时机，及时把它转移到分化培养基上进行培养，使其恢复分化能力，诱导它分化出胚、芽和根，并长成完整的杂种植物。

原生质体融合后产生的杂种细胞，其培养方法可以参照原生质体的培养方法进行培养。由于除去了细胞壁，培养基中必须有一定浓度的渗透压稳定剂来保持杂种细胞的稳定。可以采用的培养基有多种，如 D2a 培养基、D2b 培养基、KM-8P 培养基、NT 培养基、B5 培养基。培养基的组成根据具体情况进行优化，一般无机盐中的大量元素含量稍低、钙离子浓度较高，采用有机氮而少用铵盐；还可在培养基中添加一些天然有机物质如椰汁、酵母提取物等。不同的植物对激素的种类和浓度要求不同，常采用 1～2mg/L 2,4-D 或含有低浓度（0.2～0.5mg/L）的玉米素。

培养方法有液体培养、固体培养和固液混合培养。常用液体培养，包括微滴培养和浅层培养。微滴培养是将杂种细胞的密度调整到104～105个/L，用滴管吸取杂种细胞的培养液0.1mL左右大小逐滴滴到培养皿上。液体浅层培养是一种很有效的方法，将含有杂种细胞的培养液在培养皿底部铺一薄层。固体培养常用于杂种细胞的植板培养，是将杂种细胞包埋在含琼脂或琼脂糖的培养基内培养。也可以采用固液混合培养的方式，先在培养皿底部铺一层琼脂培养基，固化后，在其表面再作浅层液体培养。

培养条件要注意以下几点。首先，要保持湿度。因为培养基的用量少，水分容易蒸发，使培养基渗透压增高，致使杂种细胞破裂。培养皿必须严格密封，并放于保持湿度的容器内。其次，培养温度保持在25℃左右，一般要在暗淡的散射光下或黑暗中进行培养。再次，杂种细胞的密度一般为104～105个/mL，但要根据植物的种类、基因型和取材部位等来具体调整。最后，在培养一段时间后要添加新鲜的培养基，并且逐步用较低渗透压的培养基代替，以利于新细胞团或愈伤组织的生长。

原生质体融合杂种细胞在适合的培养条件下，首先形成细胞壁，然后进行分裂，进而形成愈伤组织。待小愈伤组织长到1mm左右时，及时将其转移到固体培养基上使其进一步生长，培养基组成一般与愈伤组织培养基相同。杂种细胞分化为再生植株可通过两种途径。一种是待其再生的愈伤组织转移到分化培养基上，一步成苗，关键是要选择合适的培养基并调节生长素和细胞分裂素的比例。另一种途径是先将愈伤组织培养在含细胞分裂素（一般为0.5～2.0mg/L）和低浓度2,4-D（一般为0.02～0.2mg/L）的分化培养基上，形成质地较硬的胚性愈伤组织或胚状体，再将其转移到含细胞分裂素的分化培养基上再生植株。

四、细胞质工程

原生质体的融合涉及了双亲的细胞核和细胞质，随着细胞器移植技术的发展，人们可以进一步将不同来源的细胞核与细胞质中的遗传物质进行重新整合。细胞质工程（cytoplasmic engineering）又称细胞拆合工程，是通过物理或化学方法将细胞质与细胞核分开，再进行不同细胞间核质的重新组合，重建成新细胞。细胞质工程为创造全新的工程植物开辟了新途径。

（一）细胞器基因组的特点

在植物整个生长发育过程中，每一步复杂的生理过程都涉及特异基因的表达，这些基因的正确表达是细胞中3个独立的基因组——核基因组、叶绿体基因组和线粒体基因组协同作用的结果。作为细胞的"最高司令部"，核基因组起绝对的主导作用。尽管大多数叶绿体蛋白和线粒体蛋白是由核基因组编码的，但在叶绿体基因组和线粒体基因组中仍包含相当比例的与自身形成及生理功能密切相关的遗传信息，因而对这两种细胞器基因组的研究也越来越受到重视。

1.叶绿体基因组

大部分叶绿体DNA（chloroplast DNA，ctDNA）都是共价闭合的双链环状分子，少数为线状分子。叶绿体DNA分子一般长120～160 kb。大多数植物叶绿体DNA都有一个突出的特点，即存在两个反向重复序列（inverse repeat sequence，IR）。一般认为两者之间单拷贝序列的大小，决定了不同植物的叶绿体基因组的大小。一小部分叶绿体DNA分子可以二聚体、三聚体或四聚体的形式存在，其机理还不清楚，很可能是几个单体之间发生了重组。

叶绿体基因组是半自主性的细胞器基因组，它对核有很大的依赖性，其中绝大部分多肽是由核基因组编码产生的。但它可以为完成自身功能编码某些非常重要的结构物质和酶，如RNA聚合酶、tRNA、rRNA、核糖体蛋白以及与光合作用直接相关的蛋白质等。已有十多种植物的叶绿体DNA完成了全序列测定，推测其大约可编码120个以上的基因。这些基因主要分为3大类：①与转录和翻译有关基因，也称遗传系统基因；②与光合作用有关基因，也称光合系统基因；③与氨基酸、脂肪酸、色素等物质生物合成有关基因，也称生物合成基因。显然这些基因在光合作用中起重要作用。

2.线粒体基因组

植物线粒体基因组（mitochondria DNA，mtDNA）的长度一般为186～2400kb. 不同植物间差异悬殊。不同种线粒体DNA存在形式也很不同，高等植物的mtDNA主要是线性分子，少量为环状。与叶绿体基因组一样，线粒体基因组也是半自主性的核外基因组。大多数的线粒体蛋白也是由核基因组编码，但线粒体基因组自身包含有10%左右的形成线粒体的遗传信息，并编码线粒体呼吸链中几个重要的组成蛋白。此外，植物细胞质雄性不育（CMS）性状是由线粒体基因组决定的，是植物线粒体DNA发生重组，产生了新的功能区域的结果。

高等植物中，线粒体、叶绿体及细胞核间遗传信息的交流是非常频繁的。有些植物的线粒体基因组中有来自于叶绿体基因组或者核基因组的片段。尽管各细胞器间DNA转移过程的机制目前还不十分清楚，但它对细胞工程研究的重要意义是显而易见的。

（二）细胞器的分离

真核细胞的质膜可以用各种方式加以破坏，如渗透压冲击、可控制的机械剪切和某些非离子去污剂作用等。大小和密度不同的细胞器，如细胞核与线粒体可以根据它们的沉降系数不同，由差速离心、速度区带离心和等密度离心等方法相互分离，并与其他细胞器分开。

（三）细胞器移植

当植物细胞质膜外围没有细胞壁存在时，原生质体不仅能够彼此融合，而且还可以摄入叶绿体、核等细胞器。在PEG的诱导下，可将多种禾谷类植物的核导入玉米的原生质体中，其导入率可达5%。利用PEG法也可成功地将矮牵牛的核导入烟草原生质体，但再生植株中核染色体的复制及基因的表达情况还不十分清楚。

（四）原生质体对微生物的摄取

为了得到一种新的非豆科固氮植物，人们一直试图把固氮菌和蓝绿藻等引入植物细胞原生质体中。已有报道，在PEG的作用下，离体的植物原生质体能摄入酵母细胞和蓝绿藻。但目前对于这些被摄入的微生物是否能在宿主细胞中正常生存和繁殖还缺乏足够的证据。

第七章
植物组织培养快繁技术及应用实例

第一节　种子和体细胞两种不同的选择

植物可通过它们的两个生命发育周期（two developmental life cycle）来繁殖：无性的和有性的。有性周期繁殖是经亲本配子体（gametes）融合后发育成合子胚（zygotic embryo），最后形成种子或果实，新植株从种子长出。大多数情况下，种苗并非都是一样的，因为每株苗代表一个新的基因组合，在配子体形成（细胞的减数分裂，meiotic cell division）及其性融合（sexual fusion，指受精作用）过程中就发生了这种组合。与此相反的鲜明对比是营养周期 [vegetative cycle，或称无性周期（asexual cycle）]，可选出任何一株植物来繁殖 [称母株，mother plant/ stock plant/ortet（又称源株）]。其独特性状可永存不朽，因在细胞正常分裂 [指有丝分裂（mitotic）] 时，每次分裂通常都能精确地复制基因。大多数情况下，此法所产生新植株 [或叫无性系分株（ramet）] 被认为是一个个体的体细胞系（somatic cell line）的延伸，而在有性繁殖则会出现突变株（mutant）。用这种无性繁殖的一组植物称为克隆（clone）。在自然环境中不同植物种类的演化过程中，有性和无性繁殖都各自能选择有利性状（selective advantages）。人类选择和利用植物也有不同的倾向性：是用种子还是采用无性繁殖法。

一、用种子繁殖

用种子繁殖有几个优点：

①一般来说产出的量大，因此从它们再生出的植物的单价便宜；

②通常可长期储存而又不失活；

③便于分销；

④大多情况下，由种子繁殖来的植物不带母株感染的病史，很少的病虫由种子传播。

很多农业和园艺的目标是渴望栽种性状几乎相同的植物群体。可是很多植物种子产出的植株其遗传性状是不同的，要想得到能产出均一后代的种子从实际条件看是很难的或是根本不可能的。从种子得到遗传性均一的植物群体有以下三种途径：

（1）从自交系（inbred line）或称纯合子（homozygous），它是通过自花受精或自体受精（self-fertile，或autogamous）的植物种才能得到。自花受精的作物有小麦、大麦、水稻和烟草。

（2）从两个纯合子亲本杂交产生的F₁种子获得，F₁代植物除表现遗传性均一外还有杂种优势（hybrid vigour），目前可买到很多观赏植物和蔬菜的F₁代种子，但因生产成本高价格很贵。

（3）来自无融合生殖种苗（apomictic seedlings）。有些植物属的植物其遗传型[或基因型（genotype）]与其亲本相同，它们是由无融合生殖法产生的（apomixis），就是说这些种子是没有受精作用（fertilization）而形成的，其胚是通过一种无性过程发育而成，这就保证了新生植物在遗传上完全与亲本相同（实际上就是无性的营养繁殖）（Van Dijk和Van Damme，2000）。

有些植物不能产出有活性的种子，或种子经过很长的幼年期后才有活力。此外，种植种苗来建立新的大田种植可能不是一个实际可行的办法。这些实例说明，要想经久不息地繁殖一个有所需特性的独特植物种唯一方法是营养繁殖。

二、营养繁殖

很多重要作物都用营养繁殖，栽种的是无性系（clones），如木薯、马铃薯、甘蔗、无核小果（sofi fruits，如草莓）和果树等。很多草本和木本观赏植物也用这种方法繁殖。在过去以百年计的时间内已开发出多种实用的营养繁殖（vegetative propagation）法。这些传统的大规模繁殖技术（macropropagation technique）[或宏观方法（macro-method）]都是利用植物体较大的一部分，这些方法已被现代园艺研究所精炼和改进了。例如，用喷细雾防止插条干死、改良生根肥料、调控生根层温度等大大加快了很多农、园艺感兴趣植物的繁殖率。有关改进宏观技术的研究虽然仍在继续，但最近几年已丧失了一些主动性，这是由于利用组培方法扩繁植物在不断扩大。

繁殖一种植物是用种子，还是用传统无性繁殖或组培方法，哪种方法最具回报，这不仅取决于所繁殖的植物种，也要考虑是否有证实的技术、较低成本和农艺目标。将组培方法用于基因操作还是用于扩繁的程度和范围在不断变化中。直至最近出现这种情况：在选育新品种的育种规划中马铃薯用种子繁殖，组培用来繁殖某些品系或扩繁出检测其病原的一些栽培种的母株，同时以块茎为一般大田种植材料。

为任何一种植物选择扩繁方法受制于该种植物的遗传潜力（genetic potential）。例如，有些植物很容易在根上产生不定枝而另一些植物就不能。要想繁殖一种没有这种能力的植物，当然采用根外植体或根插条不管

是体外培养还是容器外培养都是有问题的。组培方法确能克服某些遗传障碍，但基因型（genotype）的明显效应也是很清楚的。我们还不可能把苹果树诱生出块茎。

第二节　体外培养的快繁

一、体外培养的快繁优点分析

体外培养扩繁植物的方法主要是已有的常规扩繁的延伸。体外培养技术优越于传统方法的是：

（1）培养的起始是用植物体很小的片段（即外植体），以后即繁殖出小枝条、小胚，因此才有微繁（micropropagation）一词来形容这种体外培养方法（现国内常用快繁一词代替微繁）。仅需很小空间就能大大增加其数量。当然理想的繁殖环境是无菌条件（防止污染）（aseptic condition-avoiding contamination）。常用的"axenic"一词是不确切的，因为这个字的意思是"与其他活的生物（living organisms）没有任何相关"。一旦体外培养开始，就不应因病害遭受损失，最后生产出的小植株也应是理想的无细菌、真菌或其他微生物的。

（2）该方法可用于无特异病毒病的植物。假若用了这种技术，也用了检测过病毒的材料来起始体外培养，那么就能保证检测过病毒的植物能大量繁殖。有些术语如无病毒和无细菌（virus-freeand bacteria-free）不应使用，因为不可能保证一个植物是没有所有的病毒或所有的细菌的，你只能保证一个植物没有你曾检测过的那个特异性污染物。

（3）有可能更灵活地调节影响营养繁殖的一些因子如营养、生长调节剂水平、光照和温度。所以快繁效率可大大超过传统的大规模繁殖方法，而且可以在指定的时间内产出更多的植物，这样就能使新选育品种短期内获得大量植株，并广泛推广。

（4）用组培有可能生产某些植物的无性系，否则用传统营养法繁殖是缓慢且困难甚至是不可能的。

（5）用微繁或快繁法有可能使植物获得某种新的、暂时的特性，这是种植者更希望的。如丛状分枝（盆栽观赏花卉）和匍匐枝（草莓）的形成就是两个很好的例证。

（6）营养繁殖材料常可长期储存。

（7）繁殖和维持保存母株所需能源和空间都很少。

（8）在继代培养之间的时间无需太多地照看植物材料，无需劳力来浇水、除草、喷灌等。快繁的最大优点是成本比传统繁殖法低。假若情况并非如此，那么必有其他一些重要理由使人们值得这样做。

二、体外培养快繁的缺点分析

体外培养最大的缺点是其成功的运作需要先进技能。

（1）它需要特殊的、昂贵的生产设备。要想从每个植物种或品种都能得到最佳结果还需相当特异方法，而且现有技术方法仍是劳动密集型（labour intensive）的。因此每个无性繁殖体（propagules）的成本一般说仍是相当高的。体外培养虽能产出大量后代植株，但都是小植株，而且有时会带有不想要或不受欢迎的一些性状。

（2）为了在体外存活，外植体和培养物不得不长在含蔗糖或其他碳源的培养基上。来自这种培养物的植物，从最初开始它们就不能靠光合作用生产自己所需的有机物（因它们不是自养型的），而必须经受一个过渡期后才能独立生长。最近才有推荐体外生产光自养植物的（photo-auto-trophic plants in vitro）。

（3）因为它们是在玻璃或塑料器皿中长大，那是个湿度很高而且基本上无光合自给的环境，所以幼嫩植物一旦进入外界大气环境很易失水。为此，不得不在大气中来炼苗（harden），逐步给它降低湿度并增加光照。再者，快繁条件下长出的植物形成遗传上畸变的后代的概率也会增加。关于这些问题更广泛的讨论会出现在其他章节中。

三、体外培养快繁技术

（1）从侧芽（或腋芽）繁殖茎枝；
（2）通过形成不定枝和/或不定的体细胞胚，有以下途径：
①直接从来自母株的一块组织或器官长出来（即从外植体上直接形成）；
②间接从无结构细胞（悬浮培养的）或组织（愈伤组织中），即通过外植体内部细胞的增殖建立的；或在半组织结构的愈伤组织或一些繁殖体（propagation bodies）[如原球茎（protocorms）或假珠芽（pseudobulbils）上长出。所有这些均能从外植体获得，尤其是当外植体来源于某些特化的整个植物器官。

从实践方面看，目前用得最多的是方法①，仅一些植物种使用方法

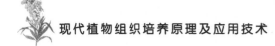

②。茎枝和/或小植株并非总是用一种方法来自一种培养物，如茎枝培养除用侧芽外，有时也能从已有的叶或茎直接形成不定枝。茎枝也能从外植体基部愈伤间接长出。对某个特别的植物种来说，最合适又经济的繁殖法是随时令做妥善的改变。有些方法应使用到何种程度仍存在很大的限制。只能从深入全面地了解控制体外培养的形态发生和遗传稳定性都受哪些因子所调控的基础上来改进。

生根（rooting）：体细胞胚既有茎枝分生组织也有根分生组织。在理想条件下它们均能长成正常种苗。从腋芽或不定分生组织所得茎枝都是小插条（small cutting）。有时这些小插条能自然地生出根，但一般情况下均需一定的外界条件相助才可以。用快繁方法生产的生根的小枝条常称做小植株（plantlets）。

四、快繁的各阶段

美国加州（Riverside）大学的Murashige教授把植物体外繁殖确定为三个阶段（Ⅰ～Ⅲ）。这种分法已广泛被研究室或商业组培厂（commercial tissue culture laboratories）所采纳，因为这种分段法不仅描述了快繁过程的程序步骤，也代表了所需培养环境改变的要点。

有些工作者建议应将母株（stock plant）的处理和制备看作为一个独立阶段。我们已采纳Debergh和Maene（1981）的建议：该预备性程序应称"0"阶段（stage 0）。第四阶段（Ⅳ）即组培植物移至外界环境中，现也已被普遍接受。因此下文将对0～Ⅳ阶段做一般性介绍，而其中的Ⅰ～Ⅲ阶段涉及到快繁所用多种不同方法，如表7-1所示。

表7-1　快繁各阶段可采用的方法

	培养阶段		
快繁方法	Ⅰ.培养起始切割出来的，无藻类、细菌、真菌和其他污染物污染的组织/器官的生长	Ⅱ.无性繁殖体的扩增诱导培养物产生大量茎枝或体细胞胚	Ⅲ.准备移植至土壤将具有高存活力的无性繁殖体像一棵棵植物那样分离出来，并准备移至外界环境中
茎枝培养	将消毒过的茎枝尖或侧芽转至固体或液体培养基使茎枝生长约10mm	诱导多个腋芽形成茎枝并长至足够大以备切割分离做继代培养的新外植体或转入Ⅲ阶段	Ⅱ阶段形成的芽伸长形成均一的茎枝，这些茎枝可在体外培养生根或从培养容器中移出培养

续表

来自花分生组织的茎枝	从花复合分生组织无菌分离多个小块	诱导多个分生组织小块产生营养枝，以后则按茎尖培养法操作	按茎尖培养法（即茎枝培养）
从种子获得多个茎枝	无菌条件下使种子在含高浓度细胞分裂素培养基上萌发	诱导多个茎枝增殖，然后以茎枝培养方法继代	按茎尖培养法（即茎枝培养）
分生组织培养	培养长0.2～0.5mm的小茎尖，如从热处理植物切取可获得1～2mm长茎尖作外植体	长至约10mm后按茎枝培养方法做或不做茎枝扩繁将茎枝转至阶段Ⅲ	按茎枝培养法做
节培养	按茎枝培养做，但茎枝需长至足够大能分清节间即可	诱导每节腋芽长成单个茎枝，可重复无限继代	按茎枝培养法做
从外植体直接再生茎枝	从母株组织如叶或茎片段建立合适外植体做无污染培养	诱导外植体直接形成茎枝前无愈伤形成、将茎枝分剥开做阶段Ⅱ继代的新外植体或按茎枝培养做	按茎枝培养法做
直接发生胚	建立合适的可发生胚的外植体组织或利用原已形成的体细胞胚	直接诱导在外植体上形成体细胞胚之前没有愈伤的形成	体细胞胚长成小植株，可移植到自然环境中
从形态发生的愈伤间接再生出茎枝	分离并培养带有表层或浅层茎枝分生组织的愈伤	将小愈伤块做重复继代培养后转至诱生茎枝培养基上，使茎枝生长至约10mm	栽植一个个茎枝并使生根
从可发生胚的愈伤或悬浮培养间接发生胚	分离并培养能形成体细胞胚的愈伤，或从可发生胚的愈伤[或重新诱导（denovo）]获得可发生胚的悬浮培养	将可发生胚的愈伤或其悬浮培养物继代培养，然后转至有利于胚发育的培养基上	使体细胞胚长成"种苗"
形成储存器官	分离并培养能形成储存器官的组织和器官	诱导使形成储存器官，有时将它们分割来起始阶段Ⅱ的培养	从储存器官所得正生长的茎枝/小植株可转至土壤中或使正生长的储存器官长至合适大小时种在土壤中

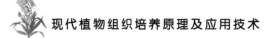

完成每一阶段快繁的要求由于所使用的方法不同而有所差别，培养进展过程中也不是总适宜或有条件安排在整洁的隔离室内。此外，事情也不会总是需要照所规定的每步去做。所以这里所描述的各阶段是一般指导性的，不应生硬地搬用。

（一）阶段0：母本植物的选择和预备性工作

快繁开始之前应小心谨慎选择母株。它们必须具有一个品种或种的典型性状而且没有任何病征。为了使体外培养成功，把所选好的母株（或它的一部分）做某些方面的处理是有益的。Debergh和Maene（1981）认为减少外植体污染水平这一步是非常重要的，在一个商品性的快繁规划中应算作是一个必不可少的阶段。给母株提供合适的生长环境和化学预处理，能改进体外培养物的生长、形态发生和繁殖率。检测和减少甚至消除病毒的或细菌的系统性病害是必要的。

病害检索（indexing）和消除（elimination）应当是快繁工作中明确的一部分，但遗憾的是这些预防措施常被忽略甚至省略，有时会带来不利后果。在试图用组培法来繁殖嵌合体（chimeras）时会遇到些困难。

（二）阶段Ⅰ：建立无菌培养物

这是快繁过程中惯例第二步，即得到所选植物材料的无菌培养物（aseptic culture）。这个阶段的成功首先需将外植体转至适宜的培养环境即无微生物污染又能正常生长（如茎尖生长或形成愈伤）。通常是一次要转一批外植体。经短时期保温培养后，如发现任何容器中有被污染的外植体或培养基都应弃去。假若能有适当数量的外植体存活下来不但污染还能不断生长就可以说是满意地完成了阶段Ⅰ任务。显然阶段Ⅰ的目标是得到有可繁殖性（reproducibility）的材料，就全过程讲这并非是100%的成功。

（三）阶段Ⅱ：生产适宜的无性繁殖体（propagules）

阶段Ⅱ的目标是能生产出新的无性繁殖体，并从培养物上分离出来后能长成完整植株。接着就可以从新生的腋芽、不定枝或体细胞胚或小的储存器官或繁殖器官做扩繁工作（图7-1）。有些快繁法的阶段Ⅱ也包括从原先诱生的分生组织上长出的不定器官，也包括将阶段Ⅱ所产生的茎枝为基础材料进行不断的继代培养来扩繁增加数量。

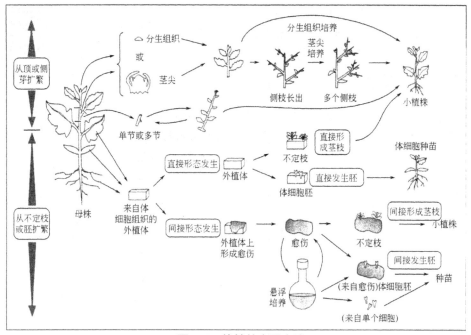

图7-1　快繁的主要方法

（四）阶段Ⅲ：为能在自然环境中生长做准备

阶段Ⅱ所得茎枝或小植株都很幼小，还不能在土壤或营养基质中独立生长。阶段Ⅲ就是要单株或成簇小植株能进行光合作用，在无外源碳水化合物供养下也能存活。此阶段有些小植株需特别处理使它们脱离培养条件后不会呈矮化或休眠态。为此，Murashigi最初即建议阶段Ⅲ应包括体外生根，然后再转至土壤栽培。

生根是任何体外培养程序中的一个很重要的步骤。有些植物种在阶段Ⅲ培养过程中，其茎枝可长出不定根，但通常这需要用特别培养基作为一个单独的生根程序，或采用诱导方法使生根。有时茎枝太短小需在生根前给予特殊处理使茎伸长些。现在很多厂家为节约成本将无根茎枝从体外培养环境移至培养容器外边去生根（图7-2）。Debergh和Maene（1981）建议靠不定枝或侧枝快繁的其阶段Ⅲ可分为：

①阶段Ⅲa：将阶段Ⅱ形成的芽或茎枝伸长到大小合适的程度，再进入生根阶段Ⅲb。

②阶段Ⅲb：将阶段Ⅲa已伸长的茎枝进行体外生根或容器外生根（rooting extra vitrum）。

（五）阶段Ⅳ：移植至自然环境

Murashige虽未给移植小植株从体外培养至外界环境这个程序特意编码为一阶段，但却给予了特别关注。如不加小心处理扩繁材料会遭严重损失，其原因有二：

①体外培养成的茎枝是在高湿、低光照下，使叶上表皮蜡质（epicuticular wax）较少或蜡质组成成分改变。有些植物的叶片气孔（stomata）也不典型。在相对湿度低的情况下也不能闭合，因此组培苗移至外界环境后很快失水。

②体外培养的不是充分全靠光合作用存活，而是在低光照时靠供给蔗糖或其他碳水化合物存活的。这样就需给它们一种刺激来改变它们使完全能靠自己产生所需的碳源和还原型N。这种刺激在体外培养条件下是无法提供的，只能在容器外（ex vitro）花几天的时间才能达到。

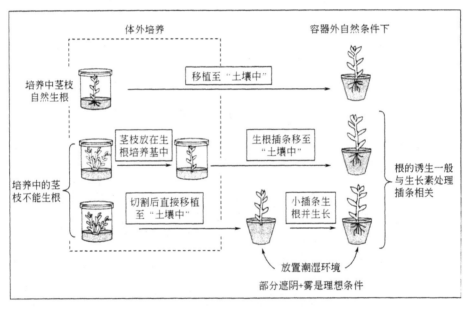

图7-2　快繁茎芝的另一种生根法

实践中，如从阶段Ⅲ移出的小植株是长在琼脂培养基上，应将凝胶洗净，根上不应黏带。有推荐在叶片上用抗蒸腾膜（anti-transpirant film），但罕见有使用的。小植株移栽至合适的生根基质中（如泥炭土∶砂肥料），先在高湿度、光强度降低条件下放几天。用水蒸气形成的雾（fog of water vapour）来保持湿度很有效。另一方法是间歇式的水雾（intermittent water misting）拘自动装置，或将植物放在一个透明塑料材料中包围起来，人工浇水保湿。有些植物种阶段Ⅲ可省略，在阶段Ⅱ的高湿条件下，茎枝就可直接生根。

第三节　植物组培快繁方法

一、外植体的选择

（一）外植体的类型

外植体的选择是植物组培快繁的关键，外植体选择的好坏，直接影响消毒的难易、无菌体系建立的难易以及后期快繁的速度。[1]按植物生长的位置可以将外植体分为地上部分和地下部分两种类型，而按是否带有芽体可以将外植体划分为带芽的外植体和由分化组织构成的外植体两种。对于植物组培快繁而言，以选取地上部分带芽的外植体作为启动材料，效果最佳，便于消毒和后期的快速扩繁。

一般像植株的顶芽、侧芽、茎段、鲜茎、花、果以及薄壁组织等都可以作为植物快繁的启动材料。植物组培快繁，其目的是为了生产优质的组培苗，在有芽的情况下，外植体的选用以顶芽为佳，如果顶芽数量较少时，则可以选用侧芽进行替代。而从消毒的难易程度来考虑，一般选取室内或棚内培养的材料要比大田培养的材料容易消毒。就无菌短枝扦插、丛生芽培养来说，木本植物、能形成茎段的草本植物以采取茎尖和茎段比较适宜，能在培养基的诱导下萌发出侧芽，成为中间繁殖体，如速生杨、葡萄、菊花、马铃薯、香石竹等。有些草本植物植株短小或没有显著的茎，可以用叶片、叶柄、花萼、花瓣做外植体，如非洲紫罗兰、秋海棠类、虎兰类等。

（二）外植体的采集

外植体是指由活体植物分离下来用于培养的器官、组织或细胞。理论上讲，植物的任何活器官、细胞或组织都能做外植体。但不同种类植物、不同组织和器官对诱导条件的反应往往是不一致的，有的部位诱导成功率高，有的部位很难诱导脱分化、再分化，或者只分化芽而不分化根。因此

---

[1] 唐军荣，辛晓尧. 植物组培快繁实例 [M]. 北京：化学工业出版社，2017.

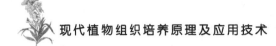

外植体选择的合适与否决定着组织培养的难易程度。

当确定要对一种植物进行组培快繁时，外植体的选择主要从以下几点考虑。

1.选择优良的种质

植物组培快繁是为了在短时间内获得性状一致、保持原品种特性的大量种苗，因此外植体一定要选择具有该品种典型特征、遗传性稳定、生长健壮、无病虫害的优良植株。

2.要考虑外植体的消毒难易

外植体消毒是快繁的第一关，部分植物由于消毒困难，无法建立无菌体系，导致后续工作无法正常推进。因此选择外植体时，地上部分要优于地下部分，细嫩的或未木质化部分要优于老龄组织或木质化部分。

3.外植体的取材部位

作为商业快繁，都是希望种苗能够保持母本的优良性状，并减少变异的发生，同时又要考虑材料的分化能力是否旺盛，只有外植体拥有较强的分化能力，才能保证后期增殖过程具有较好的增殖倍数以及较短的增殖周期。因此，对于大部分的植物而言，茎尖是最为理想的材料，其次就是侧芽，它具备顶芽的诸多优点。而对于顶芽或侧芽不明显的植物，如非洲菊、蕨类等顶芽或节间不明显的植物，可以采用花蕾、孢子等作为组培快繁的启动材料。

4.考虑材料的来源是否丰富

因为在建立一个稳定高效的组培快繁体系时，需要开展大量的重复试验，以保证体系的稳定性，如消毒时的污染、死亡，存活后的材料无法启动等问题。

二、外植体的消毒与接种

（一）外植体的消毒

当外植体采取后，则要对外植体进行消毒，这是植物组织培养中一个非常重要的环节。消毒的目的是为了有效杀死外植体上的微生物，同时又能使外植体受到的伤害最小，从而能够快速启动，这个阶段要充分考虑影响外植体消毒成功的影响因素。一般而言，外植体光滑、幼嫩则消毒时间要短些，如果外植体木质化程度较高消毒时间可以适当延长。具体的消毒时间可以通过前期的预消毒试验来进行判定。此外，选用何种消毒剂、消毒剂的浓度、消毒剂的组合等，对消毒的成功与否也十分重要。

1.常用消毒剂的种类和浓度

目前的外植体消毒剂种类较多，常用的消毒剂有以下几种。

（1）酒精

这是生活中最为常见的消毒剂，其使用浓度（按体积配比）一般在70%～75%，该浓度范围的酒精具有较强的穿透能力、杀菌效果最好。其具有浸润和杀菌双重作用，适用于表面消毒，但不能达到彻底灭菌的目的，一般需要结合其他消毒剂进行组合消毒。在采用酒精进行浸泡消毒时，消毒时间一般以秒计，消毒时间一长，则极易造成细胞脱水，造成外植体严重伤害。因此，可以采用酒精喷雾器对材料进行喷洒消毒，能起到一个较好的湿润和消毒效果，这样既不会造成外植体的严重伤害，同时又能达到较好的表面消毒效果。

（2）升汞

升汞也称氯化汞，其分子式为$HgCl_2$，是一种具有剧毒的重金属盐杀菌剂，其杀菌原理是Hg^{2+}可与带负电荷的蛋白质结合，使得微生物的蛋白质变性，从而杀死菌体。常用浓度在0.1%～0.2%，浸泡时间5～12min，消毒后一般需要用无菌水冲洗3次及以上。由于升汞具有极强的毒性，在配制及使用过程中如果不小心接触到皮肤，应及时用清水进行冲洗，同时也要对废弃物进行回收，避免污染环境。

（3）次氯酸钠

次氯酸钠为含氯消毒剂，在水中形成次氯酸，作用于菌体蛋白质，次氯酸不仅可与细胞壁发生作用，且因分子小、不带电荷，故可侵入细胞内与蛋白质发生氧化作用或破坏其磷酸脱氢酶，使糖代谢失调而致细胞死亡。该消毒剂高效广谱，对细菌、真菌、芽孢及病毒都有效，一般适宜的使用浓度为2%，消毒时间为20 min左右。次氯酸钠灭菌能力很强，不易残留，对环境没有污染，但次氯酸钠溶液碱性较强，处理时间过长，同样也会对植物造成一定的伤害。此外，次氯酸钠会分解成氯气和氧气，产生的刺激性气体如氯气和氯化氢对人体有毒害作用，消毒结束后应将消毒废液及时倒掉，防止有害气体挥发。

（4）次氯酸钙

次氯酸钙是漂白粉的主要有效成分。其对植物的杀伤作用小，相对较容易清洗，但漂白粉不稳定，易吸潮分解，散失有效氯而使杀菌效率降低。一般应密封贮藏，现配现用。一般使用浓度为5%～10%或其饱和溶液，处理时间为20～30min。

（5）双氧水

双氧水即过氧化氢，消毒效果较好，通过分解释放原子态氧来杀菌。

药剂残留影响小，不会操作外植体，通常用于叶片的消毒。

2.外植体消毒前的准备

（1）外植体的处理

首先，将采来的植物材料去除多余部分，然后在流水下简单冲洗，洗去外植体表面的灰尘、附着物等，在此过程中，可以使用洗衣粉、洗洁精进行协助清洗。对于新鲜的材料，根据幼嫩程度确定冲洗时间，对于表面光滑、洁净度较高的幼嫩材料，只需简单地冲洗几分钟即可。如果材料木质化程度较高，可适当冲洗20 min左右，不宜长时间冲洗。因为自来水本身无消毒作用，冲洗时间过长，容易造成外植体表面机械损伤，损伤处易残留微生物，从而影响消毒效果。另外也要注意，外植体在冲洗前，只需进行简单的修剪，即不影响冲洗即可，待冲洗完毕后再进行深度修剪，修成一定的长度或大小，以能够横放入消毒的器皿中为宜。

（2）外植体的常见预处理方法

对于特别难消毒的外植体则建议采用一定的预处理方法，使其有一个适当的过渡时期，减少微生物的携带数量，然后再对外植体进行消毒。如注意采条时的天气情况，选择晴朗的中午；对于可以移植的材料，可以先放在室内培养一段时间后再取材，或者在预先选择的外植体上套塑料袋或喷洒抑菌剂，也可将老枝采回后在室内培养，待新芽长出后再进行外植体采集。对于鳞茎类可以先用自来水冲洗干净后进行室内水培，减少杂菌；种子类消毒后不易萌发时，可以先通过常规方法使种皮软化，消毒后再剥去种皮，减少种子萌发的阻碍。

3.消毒

外植体消毒前，首先，对接种室进行消毒，该环节需要在外植体消毒前进行准备。在接种室干净的情况下，先用70%～75%的酒精擦拭超净工作台的台面，再将外植体消毒和接种所需要的无菌水、消毒剂、接种盘、无菌瓶、培养基、接种工具等放入超净工作台内，并开启接种器械消毒器以及超净工作台的紫外灯、接种室内的紫外灯，20min左右即可关闭紫外灯，换气扇抽气10min左右，即可开始外植体消毒和接种工作。

其次，外植体消毒时，根据消毒设置的组合及时间进行消毒，浸泡消毒则需消毒液完全浸没外植体，在消毒过程中还要不断用消毒过的镊子进行搅动，使得消毒液充分与外植体接触，达到很好的消毒效果。此外，在消毒过程中为了增加消毒效果，可以在消毒液里面加入数滴表面活性剂，如吐温20或吐温80灭菌时间到后，需立即倒掉消毒液，用无菌水冲洗3次以上，此后即可进行接种操作，其操作规范即是严格的无菌操作技术。

外植体消毒的程序如下。

①在外植体预处理前，准备好相关接种材料及用具，开启紫外灯杀菌。期间对外植体进行简单的清洗和修剪工作，以及清洗好双手，换好相应的工作服。

②关闭紫外灯，用接种室内换气扇进行抽气，其主要目的是抽走紫外灯杀菌时产生的臭氧，减少对人体的伤害。其正确操作顺序是，在进入接种室前，关闭屋顶上的紫外灯，进入到接种室内，开启超净工作台内的风扇，并迅速关闭超净工作台内的紫外灯，此时便可取出接种器械内的接种工具，放置在刀具架上进行冷却。离开接种室，换气 10min 左右即可达到效果。

③将预处理好的外植体剪成合适大小，放入干净的消毒器皿内，进行接种时，用70%～75%的酒精溶液喷洒外植体、装外植体的器皿、双手，此期间要晃动材料，使得酒精充分湿润外植体，达到充分的表面消毒效果。然后将外植体在超净工作台内转移到消过毒的无菌瓶内，按预先设计好的消毒方法进行消毒。

④消毒完毕并用无菌水清洗后，可以将材料转移到一个新的无菌瓶内，如果材料易脱水，则可以加少量的无菌水在瓶内。

（二）外植体的接种

1.外植体接种

外植体消毒完毕后，需要对外植体进行接种。该过程是将消毒好的外植体，根据材料自身的特点以及培养的目的，将其切成一定大小，然后再转接到无菌的培养基上。该环节均需要严格按照无菌操作的流程进行。

①接种过程中，一定要避免手在接种盘的正上方掠过并确保接种用的工具冷却，避免烫伤外植体材料。

②接种时，将外植体取出，一定要去除外植体上的原有切口，使切口保持新鲜，如果是茎段，则要按极性方向进行接种，即形态学的下端需插入培养基中。而对于其叶片，一般以叶片背部接入培养基为佳，并在其上制造相应的伤口，有助于其吸收养分。

③由于外植体消毒后仍会存在一定的污染，建议每一瓶培养基只接种一个外植体，这样可以有效避免交叉污染，有助于更多无菌材料的获得。

④外植体接种完毕后，如果设置了不同种类的处理，则需要贴上标签，并做好相应的记录。包括消毒时间、消毒剂种类及浓度、培养基配方、接种日期等。

2.外植体的启动培养

外植体接种完后，即可放入培养室进行培养。此时外植体的启动主要

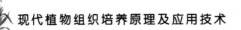

受培养温度、光照时间、培养基成分等因素的影响。

（1）培养温度

不同的植物，其植物温度三基点也不同，即最低温度、最适温度、最高温度均存在差别。由于植物对温度有一定的适应区间，因此在没有对培养温度有特别需求的植物外，培养室的温度一般保持在23℃～27℃间，可以适合绝大多数的植物正常生长。一般培养室的温度最高不要超过35℃，温度过高，极易造成植物生长过快，增殖倍数可能会降低，同时也有助于微生物的活跃；此外，新长出的嫩芽在高温高湿下极易受到伤害，甚至会因温度过高而死亡。另外，最低温一般不建议低于10℃，较低的温度会导致组培苗生长缓慢，甚至生长停滞。

（2）光照

光照是植物进行光合作用必不可少的条件之一，组培室通常光照时间在12～16 h之间，而一般的光照强度保持在1000～5000 lx，即能满足一般植物的组织培养需要。对于一些易褐化的植物以及在进行愈伤组织诱导时，为了减轻褐化，一般常会在培养的前一周进行暗培养，之后再给予光照。而对于光质的要求，一般以普通灯光即可，有些植物也可采用其他光源，如LED。不同颜色的光，如红光，一般有利于根的形成及愈伤组织的生长，而蓝光则会有阻碍作用，但蓝光对于促进腋芽、不定芽的形成数量有一定的促进作用。生产上常以普通的白色荧光灯作为光源，如要选用其他光源或其他颜色的光，除了参考理论的指导依据外，还必须进行一定的试验，确保成功后，方可大规模应用于该种植物。

（3）湿度

在培养的初期，组培瓶内的湿度一般会接近100%，之后随着培养时间的延长，其瓶内湿度会有所下降。但是，培养室内的湿度则不宜太高，否则容易滋生微生物，增加污染的概率，一般培养室的湿度保持在60%左右即可。

（4）培养物的气体环境

外植体在培养过程中需要进行呼吸作用。在固体培养时，不能把整个材料全部埋入培养基中，液体培养时，则需要采用振荡培养，以增加氧气的供应。有些植物在培养时气体交换量大，需要使用带有透气膜的瓶盖，如非洲菊、茶树等植物。而有些植物，如铁皮石斛、金线莲等在完全密封的环境中仍然生长良好。因此，在培养时，对于会产生大量二氧化碳、乙烯等有害气体的培养材料，则应选用透气盖，便于气体交换。一般而言，透气盖可以满足所有植物的培养需求，但透气盖的使用成本要较不透气盖高。对于一种植物是否适用不透气盖，可以通过前期试验来确定。在使用不透气盖时，如植物生长不良或叶片逐渐黄化等，则宜及时更换带有透气功能的瓶盖。

三、增殖培养

（一）增殖类型的选择

植物离体快繁过程中，选用何种增殖方式，对于快繁的数量和质量都有非常重要的影响。选用不同的增殖方式，其组培苗的成苗过程也不一样，特别是经愈伤组织诱导分化成苗的，在生理上也会表现不同。一般植物材料的来源、不同的植物种类以及选用的外植体部位、激素的配比等，都会影响增殖的途径，有的是几种同时出现。根据目前常见的增殖方式，一般可分为以下几类[1]。

1.芽再生型

该增殖方式一般采用植物的顶芽或者茎节作为培养材料，将外植体剪成带有节间的茎段或单个顶芽进行启动培养，一定时间后，顶芽萌发或者节间处萌发出腋芽，在继代培养过程中利用顶芽或腋芽进行增殖，根据增殖的方式又可分为两种。

一种叫短枝发生型，也叫微型扦插增殖法，它是指将启动培养过程中形成的小苗，剪成带叶的茎段，接入培养基中，使其萌发腋芽并进行伸长生长，之后又将伸长的小苗剪成带叶的茎段，如此往复，使其不断增殖，最后再将小苗进行生根。该方法适用于节间明显的植物，增殖倍数相对较少，特别是研发技术弱、投入时间短、进行小批量扩繁时，该方法较为适用，培养出来的小苗，遗传性状稳定，易生根。

另一种则是丛生芽发生型，或丛生芽增殖法，是将初代培养中获得的小芽接入增殖培养基中进行继代培养，让接入的芽不断发生腋芽而成丛生芽，在以后的继代转接过程中切成小丛或单芽进行继续增殖，又形成丛生芽，如此循环，达到一定数量后，再切成单个小芽接种到生根培养基中。该方法不经过愈伤组织，变异率极低，能使无性系后代保持母本的原有性状，是大多数植物快繁的主要方式，生产中应用较为普遍。

2.不定芽发生型

不定芽发生型是指外植体在适宜的分化培养基上进行培养，经过脱

---

[1] 王蒂．植物组织培养 [M]．北京：中国农业出版社，2014.

分化形成愈伤组织，之后经过再分化使诱导出的愈伤组织产生不定芽，或外植体不形成愈伤组织而直接从其表面形成不定芽，将形成的不定芽切取后，接入到生根培养基中进行生根培养。不定芽发生型的外植体是指不带有芽的植物器官，如叶柄、叶片、根、花等组织，而根据不定芽的形成过程中是否经过愈伤组织这一过程，又可分为器官型和器官发生型。其中器官型是指外植体不经过愈伤组织直接形成不定芽，也叫不定芽直接发生型，如杨树叶片直接形成不定芽；器官发生型是指外植体先诱导出愈伤组织，之后经过再分化形成不定芽，也叫不定芽间接发生型。

器官发生型是从原来成熟的组织上重新诱导出分生组织，再发生单芽或丛生芽，可扩大繁殖，但可能发生变异，在育种上可创造有益突变体，所以在植物的育种上很有价值。用于良种繁殖时因有变异产生的可能，应尽量少用。组培快繁一般都希望保持母体的优良性状，不希望在组培过程中发生变异，把原有的优良性状破坏掉。因此，对于茎段比较明显的植物一般不用器官发生型，不希望经过愈伤组织这一过程。

3.胚状体发生型

以植物成熟的种子、未成熟胚、叶片、子房等为外植体，先诱导体细胞脱分化，然后再经诱导而产生体细胞胚，每个细胞单独发育成苗，其发生过程类似于合子胚或种子，称为胚状体发生型。其中体细胞胚具有双极性，即根端和茎段，不经生根培养即可发育成完整植株。

胚状体发生途径具有成苗数量多、结构完整、速度快的特点，但其发生过程复杂，要求的技术难度高，同时存在着一定的变异可能，因此在生产上远没有普及，它也是人工种子的基础。

4.原球茎发生型

原球茎发生型是兰科植物的一种快繁方式，原球茎最初是指兰花种子萌发过程中的形态学构造，《植物生物学词典》中将之定义为植株基部由一团尚未分化的薄壁细胞组成的上端有顶端生长点和叶原基，下端有很多不定根、初具球茎形态的球状体，为缩短的、呈珠粒状的、由胚性细胞组成的、类似于嫩茎的原器官。

原球茎发生型是以幼嫩组织为外植体，经脱分化发育成小原球茎，这些小原球茎再单独生长成小植株。

（二）继代增殖

当经过第一阶段的外植体启动培养，成功建立起无菌培养体系后，则需要对获得的无菌培养材料进行增殖培养，即按照筛选出的配方进行不断的继代，其目的是为了不断分化出小苗或其他培养物。继代增殖的技术工艺，包括增殖类型、培养基配方、增殖材料的大小、继代周期等都需要经过一定的继代次数优化和少量中试才能应用于生产。[1]

1.培养物的增殖

植物组培快繁过程中，选择合适的增殖途径，对培养物的数量增加和性状稳定有直接的影响。生产上一般会选用芽再生型和不定芽再生型途径进行增殖，而对于一些兰科植物也会选用原球茎增殖途径，而对于体细胞胚胎发生途径，需要的技术则要求更高，生产上应用较少。不论选用何种增殖方式，每继代一次，其培养物均在增加，增殖倍数只要稳定大于2倍以上，就可实现材料的大量增殖。一般材料的增殖倍数保持在5倍左右，对于一些增殖能力强的材料，其增殖倍数会超过10倍。

2.培养基配方

植物在继代培养过程中，原则上增殖配方确定后一般不予变动。如果在继代增殖过程中，随着继代次数的增加，培养物体内积累了较多的生长物质，使得增殖的芽变弱或后期生根困难时，可适当延长1～2次继代时间，或微调植物生长物质的添加量。

3.增殖材料的大小

增殖材料的大小，对培养物的增殖也有十分明显的影响。对于同一配方，一般丛接要比单株接种的增殖效果好。增殖时，常采用3～5个芽为一丛进行增殖培养；分割时，去除发黄的老叶，同时基部需要重新切口，有利于培养物吸收养分和激素，保持旺盛的分化能力。

4.继代周期

培养材料继代增殖培养周期根据不同的材料进行确定，一般生长迅速的培养物的继代周期在3～4周，而一些生长缓慢的植物则会6～8周，甚至更长。选用合适的继代周期有利于培养物的增殖，而当超过其继代周期后再进行转接，相同的增殖配方则会使得增殖倍数下降，而未到转接周期时进行转接，则相同的配方易使得嫩芽大量增殖，产生的芽弱小。因此，掌握好合适的继代周期对于材料的增殖也是至关重要的。此外，也要注意继代周期的次数，当继代次数较多、增殖材料出现退化或变异时，则需要及时更换母瓶。

---

[1] 唐军荣，辛晓尧.植物组培快繁实例[M].北京：化学工业出版社，2017.

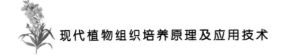

現代植物组织培养原理及应用技术

四、壮苗与生根培养

（一）壮苗

在植物组培快繁的增殖阶段，如果前期分裂素浓度高，增殖系数大，产生的增殖芽细小或弱，则需进行壮苗。如果用于生根的小芽细小或弱，则不利于生根，即使可以生根，对下一阶段炼苗移栽也会影响较大，使成活率降低，因此，对于此类苗，则需要经过壮苗培养后才能用于生根培养。在工厂化快繁过程中，为了避免经历壮苗的环节，所以在增殖的环节往往会选用合适的激素种类、浓度配比，使得组培苗经过增殖后仍然健壮，可以直接进行生根。如果进行壮苗，则工作环节相应增加，包括培养基的配制、转接成本、培养成本等，同时也会增加污染的风险，间接上也会影响生产的成本。特别是单纯的壮苗，而没有数量的增加，基本上很少采用。生产上可以见到的是，通过降低增殖倍数来达到壮苗，而鲜有只是壮苗没有倍数的增加。

随着一种植物组培工艺的不断改进，其壮苗环节可以省略，在实际的组培化工厂生产中，一般建议采用较低浓度的细胞分裂素与生长素配比，合适的增殖倍数有利于保证组培苗的质量，大部分植物的有效增殖系数控制在3～4倍，即可实现增殖和壮苗的双重效果。此外，还可以在生根环节进行，通过调节合适的生根激素和培养基种类，使组培苗在生根时伴随着组培苗的增壮。因此，在生产上要综合考虑，选用何种生产工艺，使得生产成本和苗木质量之间有一个较好的平衡。

（二）试管内生根

试管内生根是将增殖结束的丛生芽切成单株或丛，转接到生根培养基中，在培养容器内诱导根系的方法，这是目前组培快繁应用最为普遍的生根方法，这也类似于扦插生根。在形态学上可以分为两个阶段，即形成根原基和根原基的伸长与生长。一般生根快的植物5d左右即可出现不定根，而一些生根慢的植物需要4～5周，甚至更长。影响试管内植物生根的原因较多，主要分为以下几类。

1.植物材料

不同植物材料的遗传特性不同，扦插难生根的植物在组培苗生根时同样也会有相应的表现，即使是同一植物，由于不同的成芽方式对组培苗的

·190·

生根有直接影响。一般表现为，草本植物要比木本植物容易，生长速度快的要较生长慢的植物容易，皮部生根型的要较愈伤组织生根型的容易。

2.基本培养基

组培苗的生根阶段，是一个从异养状态逐渐向自养状态转变的过程，通过诱导产生的根系来完成植株对培养基中的养分和水分的吸收。在培养基中，一般都含有较高浓度的营养元素和较高含量的糖分。当培养基中含有较高浓度的营养元素和糖分时，组培苗会产生一定的依赖性，而不利于生根，因此，一般认为减少培养基中的营养成分，特别是无机盐的浓度和糖分含量，一定程度上会刺激根系的形成。所以在生根阶段时，无机盐的浓度和糖的用量一般会降低1/2，甚至更低。此外，降低无机盐的浓度，会使培养基中的渗透势升高，从而增加了水的自由能，使培养基中的水势升高，有利于植物对水分的吸收。

大量研究表明，多胺与试管苗生根诱导有关。多胺促进生根的植物种类可能由以下两个因素决定：生根阶段之前的游离多胺含量；在生根诱导需要游离多胺时，即生根培养前 2d 中结合多胺的累积情况。Hausman 等（1995）研究发现，在无生长素培养基中添加腐胺和有利于腐胺积累的精氨酸合成酶抑制剂 CHA（cyclohexylamine，环己胺），能使 40% 的插条生根。但是，培养基中加入精胺和 AG 则显著降低腐胺含量，说明腐胺的催化途径参与根形成过程。Faivre-Rampant 等（2000）发现普通烟草组培苗在无生长素培养基中添加多胺能促进不定根发生，多胺抑制剂阻碍生根。

此外，不同的蔗糖浓度也会影响根系的发育，试管苗生根过程中体内糖的种类和数量也发生变化。Kromer 等（2000）在苹果砧木无菌苗茎段生根过程中观察到葡萄糖、果糖、山梨醇、肌醇升高。生根诱导期前10d可溶性糖水平升高与茎基部细胞分裂旺盛一致，果糖含量与生根能力密切相关。在根原基分化和根伸长期，可溶性糖恢复至原有水平，同时根原基形成时可溶性蛋白质和酯类化合物略有升高。

3.植物激素

植物激素是影响组培苗生根的最为关键因素，一般都会采用一定浓度的植物生长素进行生根诱导，常用的包括萘乙酸（NAA）、吲哚丁酸（IBA）、吲哚乙酸（IAA）等；而对于有些植物在生根困难时，可加入少量的分裂素刺激生根。一般常用的生长素浓度不超过10 mg/L，较常用的浓度范围一般在1mg/L以内，当生根效果不佳时，则可以适当提高生长素的浓度，或采用2种及以上的生长素进行不同浓度的组合进行诱导生根。一般情况下，NAA诱导的植物根系数量偏少，根偏粗，而IBA诱导的根系数量偏多，根偏细。常用的这3种生长素，对植物生根的诱导效果一般表现为NAA

>IBA >IAA，但不同的植物对生长素的种类及浓度具有较强的选择性，因此要根据预试验观察试管苗的生根情况，来选用不同种类的植物生长素及浓度。此外，ABT1号、2，4-D也会用作组培苗的生根，其中2，4-D在生根时很少用，一般用作愈伤组织的诱导或体胚诱导。

在许多植物种类的组织培养中，较低浓度的细胞分裂素和较高浓度的生长素组合可以产生最佳的生根效果。根发生需要建立一种最佳的内源生长素——细胞分裂素平衡。赤霉素在多种情况下对生根不利，而脱落酸是赤霉素天然的拮抗剂，在许多赤霉素对生根不利的组织培养中，添加ABA常有促进作用。

4.培养条件

在生根时，除光照强度可适当降低外，其培养条件，如温度、湿度、pH值一般跟增殖阶段的培养条件变化不大。而生根阶段，组培苗对外部环境的适应性较增殖阶段的组培苗强，部分阴生植物在组培苗生根阶段，则可以直接在室内自然散射光下进行培养。

5.其他

除了以上提到的几点因素外，一般在培养基中添加活性炭也有利于组培苗的生根，如非洲菊、铁皮石斛、滇杨、吉贝等在生根时，添加活性炭均有利于生根苗的根系发育，诱导出来的根系粗壮、根较白、根系的生活力强，对后期移栽均有较大的促进作用。添加活性炭的用量建议在1 g/L以内，添加量过高，活性炭的吸附能力大大增强，会影响组培苗对培养基中的成分吸收，易导致诱导的根系数量偏少，甚至生根苗长势弱。活性炭的作用主要表现在两方面：一是添加活性炭后，可以为组培苗生根创造一个黑暗的环境；另外，由于活性炭具有较强的吸附作用，会与生根苗对离子的吸附起到一个适当的竞争作用，增强根系的锻炼和活力以及吸附根系周围的细菌，使根系变白，有利于后期组培苗的移栽成活。

此外，组培苗生根时，还与前期的增殖阶段的分裂素浓度有关。增殖阶段如果分裂素浓度过高，在后期生根时，同样的生根配方也可能产生生根效果不佳的情况，此时，就需要进行一个过渡培养，对组培苗体内吸收的分裂素进行释放。另外，也可以采用高浓度的生长素对组培苗基部进行浸泡处理，之后再接种在培养基上进行生根。但是该方法相对繁琐，对于经济价值较高或者科研价值较高的植物，在小批量范围生产时可以采用此方法。

另外，组培苗的切口一定要平滑，特别是木本植物的组培苗生根时，如果生根苗切口不光滑，极易导致基部褐化，降低生根率。因此，在工厂化快繁过程中，在生根阶段切取生根苗时要及时更换刀片。而对于有些植物，在增殖阶段时就带有根系的，在进行生根培养时则要求不严，如部分兰科植物的生根。

最后，支撑物的种类和用量也会影响到组培苗的生根。生根多采用琼脂粉来充当支撑物，琼脂浓度范围在0.4%～0.8%时对植物组织培养具有较好的生根效果，降低琼脂浓度有利于组培苗对营养物质的吸收，但会增加培养基中的水分蒸发。为了降低生根的成本，在生根阶段时，也常用卡拉胶来替代琼脂粉。

（三）试管外生根

组培苗试管的外生根类似于植物嫩枝扦插，但是要比常规的嫩枝扦插育苗难度大。该方法对温度、湿度、扦插基质更加敏感，因此，技术要求更高，也是植物组织培养中在今后的一个研究方向。关于组培苗试管外生根的研究，早在20世纪80年代就有相关的报道，之后的研究也相应增多，但是在生产上应用的植物种类不多，主要是因为技术难度高，管理上过于精细。

为了提高试管外生根率，主要可以从三个方面考虑。首先，可以从试管苗自身因素入手，最主要的是提高组培苗的木质化程度，使试管苗变得更加粗壮，提高其自身对外界环境的适应性。其次，就是进行激素处理，选用合适的激素种类及使用浓度，可以有效提高生根率，使生根时间缩短，其根系质量也会相应提高，从而大大提高试管苗的成活率，促进试管苗的早期生长。再次，就是试管苗生根的外界环境条件。试管苗在生根之前，自身对外界环境的适应能力较弱，主要靠下切口吸收水分，并依靠自身贮藏的营养物质维持自身新陈代谢的需要。最后，为了促进生根，则需要创造试管苗生长及生根的最适外界环境，包括合适的温度、湿度、光照、生根基质等，以避免试管苗水分过度蒸发而萎蔫以及病菌侵染造成死亡；此外基质的通透性、保水性能也会影响试管苗的生根。

第四节　植物组培快繁中出现的问题与解决途径

一、污染问题

污染是组织培养最常见和首要解决的问题。所谓污染是指在组织培养

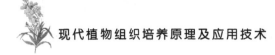

过程中，由于细菌、真菌等微生物的侵染，在培养基的表面或内部滋生大量菌斑，造成培养材料不能生长和发育的现象。[1]

（一）污染的类型与症状

引起污染的微生物主要有芽胞杆菌、大肠杆菌等细菌和毛霉、根霉、青霉等真菌，与此相对应的污染类型就分为细菌性污染和真菌性污染。细菌性污染的症状是菌落呈黏液状，颜色多为白色，与培养基表面界限清楚，一般接种后1~2d就能发现；而真菌性污染的症状是菌落多为黑色、绿色、白色的绒毛状、棉絮状，与培养基和培养物的界限不清，一般接种后3~10d后才能发现。实际生产中要明确辨认出是何种污染类型，以便有针对性地采取防治措施，提高组培成功率。

（二）造成污染的因素

①培养基及各种使用器具消毒不彻底。
②外植体灭菌时不彻底，有杂菌残存在外植体表面。
③操作时人为因素带入。
④环境不清洁。
⑤超净工作区域污染。

（三）控制污染的措施

1.培养基及器械灭菌

在生产中，无菌操作首先面临的是培养基的灭菌，它需要在121℃下灭菌20~30 min，灭菌效果取决于灭菌温度及其持续时间、压力，重要的是在压力上升前将冷空气排出。所有接种器械均需进行高温灭菌后才能使用，而且在接种的过程中，每使用一次，还需要蘸酒精后在酒精灯火焰上彻底灼烧灭菌，特别是在不慎接触到污染物时，必须进行彻底的灼烧灭菌，否则极易引起器械污染，进而引起交叉污染。

2.外植体

①做好接种材料的室外采集工作。最好春秋采集外植体，晴天下午

---

[1] 吴丽芳.紫花苜蓿组织培养中常遇问题及对策 [J].草业与畜牧，2009（9）.

采集，阴雨天勿采。优先选择地上部分作为外植体。外植体采集前喷杀虫剂、杀菌剂或套袋等。

②接种前在室内对材料进行预培养，从新抽生的枝条上选择外植体。

③外植体严格灭菌，在大规模组培生产前一定要进行灭菌效果试验，摸索出最佳的灭菌方法。对于难于灭菌彻底的材料，可以采取多次灭菌和交替灭菌的方法。

④及时淘汰污染的材料，防止在培养室内交叉污染。

3.接种操作

在接种时，很容易由于人为的因素将各种微生物带入，引起比较严重的污染。

①接种人员注意个人卫生，洗手后进入接种室，接种时经常用75%酒精擦拭双手。

②在酒精灯火焰的有效控制区域内操作；在操作规范的前提下，尽量提高接种速度。

③接种时，接种员双手不能离开工作台，如果离开工作台必须用酒精擦手后再接种。

④接种时开瓶和封口动作都要轻，接种后旋转灼烧培养瓶口。

⑤避免任何部位如手、衣袖等在接种用具、培养皿和揭开的培养瓶口上方移动。

⑥各种器皿、容器、用具等，在放入超净工作台前用酒精擦拭，包括未接种的培养基瓶、待转接材料瓶、烧杯、酒精灯等。

⑦操作区内不要放入过多物体，避免气流被扰乱。

4.环境条件

在大规模的组培生产中，大环境的污染也会使各个环节的污染明显增加，严重时会使生产无法进行。

在接种室和培养室内，要进行定期的熏蒸消毒，一般使用高锰酸钾和福尔马林，这种方法效果好，但对人体有一定的危害。平时还需用紫外灯进行照射消毒，也可用臭氧灭菌机灭菌，对大环境消毒效果较好，而且使用灵活方便，对人体的危害也相对较小。

5.超净工作台

为了使超净工作台有效工作，防止操作区域本身带菌，要定期对初过滤器进行清洗或更换，对内部的超净过滤器不必经常更换，但每隔一定时间要进行操作区的带菌试验，如果发现失效，则要整块更换，此外还需要测定操作区的风速，使其达到20—30 m/min。另外，在每次使用时应提前15—20 min打开机器预处理，并对操作台面用70%的酒精进行喷雾消毒。

（四）组培苗污染的处理

①真菌污染后，即使仅形成菌丝，菌丝也能够达到材料内部，因此，真菌污染是灭绝性的：污染的组培材料，必须经高压灭菌后再进行清洗。但若细菌污染，由于细菌繁殖是靠芽孢，细菌不会弥散整个空间，因此只要及时发现，将材料上部未感菌的部分剪下转接，材料仍可以用。

②用抗生素等杀菌药剂的处理，虽有不少报道，但至今还未发现哪种抗生素能够对各种菌都有效，并且抗生素常常也会影响植物材料的正常生长分化。另一些药剂，虽有的杀菌效果好，但往往容易引起盐害，也无法利用。

③对一些特别珍贵的材料，可以取出再次进行更为严格的灭菌，然后接入新鲜的培养基中重新培养，但灭菌时间不好控制，易造成药剂伤害致死。

二、褐变现象

褐变是指在组培过程中，由培养材料向培养基中释放褐色物质，致使培养基逐渐变成褐色，培养材料也随之慢慢变褐而死亡的现象。它的发生是由外植体中的酚类化合物被多酚氧化酶氧化形成褐色的醌类化合物，醌类化合物在酪氨酸酶的作用下，与外植体组织中的蛋白质发生聚合，进一步引起其他酶系统失活，导致组织代谢紊乱，生长受阻，最终逐渐死亡。

（一）引起褐变的原因

包括外植体本身、培养基及培养条件等方面的影响。它的出现是由植物组织中的多酚氧化酶被激活，而使细胞的代谢发生变化所致。

1.种类和品种

在不同植物或同种植物不同品种的组培过程中，褐变发生的频率和严重程度存在很大的差异，一般木本植物更容易发生褐变现象，在已经报道的褐变植物中多数为木本植物，如美国红栌、马褂木等。在蝴蝶兰组培的原球茎诱导阶段，褐变较生根培养时严重。此外，本身色素含量高的植物组培时也容易褐变。

2.材料的年龄和大小

外植体的生理状态不同，褐变程度也有所不同。

一般来说，取自处于幼龄期植物的材料褐变程度较浅，而从已经成年的植株采收的外植体，由于含醌类物质较多，因此褐变较为严重。幼嫩的组织在接种后褐变程度并不明显，而成熟的组织在接种后褐变程度较为严重。

外植体大小对褐变的影响表现为，小的材料更容易发生褐变，相对较大的材料则褐变较轻；另外，切口越大褐变程度就会更严重，损伤有加剧褐变发生的作用。

3.取材时间和部位

由于植物体内酚类化合物含量和多酚氧化酶的活性在不同的生长季节并不相同，一般冬春季取材褐变死亡率最低，其他季节取材则不同程度地加重。在取材部位上存在幼嫩茎尖较其他部位褐变程度低的现象，木质化程度高的节段在进行药剂消毒处理褐变现象更严重。

另一些种类如蝴蝶兰、香蕉等，随着培养时间的延长，褐变程度会加剧，甚至在超过一定时间不进行转瓶继代，褐变物的积累还会引起培养材料的死亡。

4.光照

在采取外植体前，如果将材料或母株枝条进行遮光处理，然后再切取外植体培养，能够有效地降低褐变的发生。将接种后的初代培养材料在黑暗条件下培养，对抑制褐变发生也有一定的效果，但不如在接种前处理有效。如果光照过强、温度过高、培养时间过长等，均可使多酚氧化酶的活性提高，从而加大外植体的褐变程度。

5.温度

温度对褐变有很大的影响，温度高褐变严重。

6.培养基成分和培养方式

培养基无机盐浓度过高会使某些观赏植物的褐变程度增加。此外，细胞分裂素（如6-BA）的水平过高也会刺激某些外植体的多酚氧化酶的活性，从而使褐变现象加重。

（二）缓解和减轻褐变现象的措施

一般来说，最好选择生长处于旺盛的外植体，这样可以使褐变现象明显减轻。

①外植体和培养材料进行20～40 d的遮光培养或暗培养，可以减轻一些种类的褐变程度。

②选择适宜的培养基，调整激素用量，控制温度和光照，尽量降低温度，减少光照。

③宜选择年龄适宜的外植体材料进行组培。

④在培养基中加入抗氧化剂和其他抑制剂，如抗坏血酸、硫代硫酸钠、有机酸、半胱氨酸及其盐酸盐、亚硫酸氢钠、氨基酸等，可以有效地抑制褐变。

⑤连续转移，对容易褐变的材料可间隔12～24h的培养后，再转移到新的培养基上，这样经过连续处理7～10d后，褐变现象便会得到控制或大为减轻。

⑥添加活性炭等吸附剂（0.1%～0.5%），这是生产上常用的降低褐变的有效方法。

三、玻璃化现象

玻璃化是试管苗的一种生理失调症状，当植物材料进行离体繁殖时，有些组培苗的嫩茎、叶片往往会出现半透明状和水渍状，这种现象即为玻璃化。呈现玻璃化的试管苗，其茎、叶表面无蜡质，细胞持水力差，植株蒸腾作用强，无法进行正常移栽。

实验结果表明，玻璃化苗是在芽分化启动后的生长过程中，由碳水化合物、氮代谢和水分状态等发生生理性异常所引起，它由多种因素影响和控制。

（一）产生玻璃化的主要原因

1.激素浓度

激素的影响包括生长素和细胞分裂素，一方面指细胞分裂素的浓度，另一方面是以上两种激素的比例平衡。高浓度的细胞分裂素（尤其是6-BA）有利于促进芽的分化，也会使玻璃化的发生比例提高，每种植物发生玻璃化的激素水平都不相同，有的品种在6-BA 0.5mg/L时就有玻璃化发生，如香石竹的部分品种；细胞分裂素与生长素的比例失调，细胞分裂素的含量显著高于两者之间的适宜比例，使组培苗正常生长所需的激素水平失衡，也会导致玻璃化的发生。

2.温度

温度主要影响苗的生长速度，温度升高时，苗的生长速度明显加快，高温达到一定限度后，会对正常的生长和代谢产生不良影响，促进玻璃化的产生；变温培养时，温度变化幅度大，忽高忽低的温度变化容易在瓶内壁形成小水滴，会增加瓶内湿度，提高玻璃化发生率。

3.湿度

湿度包括瓶内的空气湿度和培养基的含水量。瓶内湿度与通气条件密切相关，通过气体交换瓶内湿度降低，玻璃化发生率减少。相反，如果不利于气体的交换，瓶子内处于不透气的高湿条件下，苗的生长势快，但玻璃化的发生频率也相对较高。一般来说，在单位容积内，培养的材料越多，苗的长势越快，玻璃化出现的频率就越高。

4.培养基的硬度

随着琼脂浓度的增加，玻璃化的比例明显减少，但过多时培养基太硬，影响养分的吸收，使苗的生长速度减慢。

5.光照

增加光照强度可以促进光合作用，提高碳水化合物的含量，使玻璃化的发生比例降低。光照不足再加上高温，极易引起组培苗的过度生长，加速玻璃化发生。

6.培养基成分

一般认为，提高培养基中的碳氮比可以减少玻璃化的比例。

（二）解决试管苗玻璃化的措施

①利用固体培养，增加琼脂浓度，降低培养基的水势，造成细胞吸水阻遏。提高琼脂纯度，也可降低玻璃化。

②适当提高培养基中蔗糖含量或加入渗透剂，降低培养基中的渗透势，减少培养基中植物材料可获得的水分，造成水分胁迫。

③适当降低培养基中细胞分裂素和赤霉素的浓度。

④控制温度，适当低温处理，避免过高的培养温度，在昼夜变温交替的情况下比恒温效果好。

⑤增加自然光照，可降低玻璃化苗率。

⑥增加培养基中Ca、Mg、Mn、K、P、Fe、Cu元素含量，降低N和Cl元素比例，特别是降低氨态氮浓度，提高硝态氮含量。

⑦改善培养容器的通风换气条件，如用棉塞或通气好的封口材料封口，降低培养容器内部环境的相对湿度。

第五节　植物组织培养快繁应用案例

一、菊花的组培快繁

菊花是菊科（Compositae）菊花属（Chrysanthemum）的多年生宿根（perennial root）草本植物，是销售额稳居第 1 位的四大切花之一。菊花组织培养主要用于新种质材料及新品种的快速繁殖，优良品种脱毒复壮。

（一）菊花快速繁殖

1.外植体的选取与接种

菊花茎尖、茎段、侧芽、叶、花序梗、花序轴、花瓣等器官都能产生再生植株。以快繁为目的，最好采用茎尖或侧芽，其次是花序轴；以育种为目的，可采用花瓣；以脱毒为目的，需用茎尖；以形态发生学研究为目的，可用各种器官。

以花序轴为材料，则选取具该品种典型特征的、无病虫害、饱满壮实的健康花蕾，最好是将要开放而尚未开放的花蕾，这时花瓣外有一层薄膜包围着，里面仍是无菌，易于表面灭菌，也便于花序轴剥离；以茎尖为材料，茎尖嫩叶不要去得太多太净，以免伤口面过大，灭菌时受伤严重，过多的叶可在接种前切去；以茎段为材料，茎段去叶，留一段叶柄。采集的材料经初步切割后，自来水冲洗5~15 min，置无菌烧杯中，在超净台上用0.1%氯化汞灭菌8~12 min（可按情况及经验加入吐温，每100 mL可加吐温1~15滴。吐温多，灭菌时间可适当缩短），其间轻轻摇动。然后用无菌水冲洗5~8次，置无菌培养皿中切割并接种到培养基上。如果是脱毒，则需在超净台上借助解剖镜剥取0.5 mm大小的茎尖用于培养。切下的茎尖要立即接种到培养基上，最好是放在培养基凝固时产生的冷凝水的表面上。花蕾在吸干水分后，剥去花序轴外层的花被，得到透镜状或半球形的花序轴，视其大小，切成2~4块并接种。从这样的花蕾上拨下的舌状花、管状花，也可切成小块或小段用于接种。茎段灭菌后，将茎断面及叶柄再切去一小段，适当分割后接种到培养基上。接种方式很重要，接种时通常将材料按生物学习性，正放在培养基上，并稍用力下压使之密切接触培养基，尤其是茎尖，不可倒置或侧置接种。

2.培养基及培养条件

适于菊花组织培养的培养基种类很多，如White、Bs、N6、Morel、MS等，现在大多采用MS培养基。植物激素的添加量有3mg/L 6-BA+0.01～0.1mg/L NAA，或2mg/L 6-BA+0.2mg/L NAA，或3～10mg/L 6-BA+0.1mg/L NAA，或2mg/L KT+0.02mg/LNAA等。菊花对激素要求不严格，适用范围很广。菊花培养适宜的温度范围也较宽，一般为22℃～28℃，以24℃～26℃最好。光照时间为12～16 h/d，光照强度1000～4000lx为宜。

3.分化及继代培养

菊花各种器官的外植体经4～6周培养后，茎尖可产生新芽，茎段侧芽可萌发并产生丛芽或经愈伤组织生长再分化芽。最初分化芽数量较小，但随继代次数增加而很快增多。因品种而异，4～6周为1个周期，增殖率均在5～10倍甚至更多。增殖方式多以丛生芽或茎段微扦插两种方式。茎段微扦插方法是以通过各种再生途径产生的嫩茎为材料，剪成一节带一叶的茎段，将其基部插入MS或MS+0.1mg/L NAA的培养基中培养，4～5周后，腋芽长成新的小植株，重复上述培养，生根的小植株也可出瓶种植。此外，采用具分化能力的愈伤组织在振荡的MS+2mg/L KT+0.02mg/L NAA的液体培养基中增殖，其鲜重每3d增加1倍。把愈伤组织转移到MS+0.5～2.0mg/L KT（或再加10mg/L GA3）的琼脂培养基上，6～12周即可形成植株。在4.5℃条件下储藏6个月或重复继代培养，均可保持再生能力。

4.生根和移栽

菊花无根苗生根一般较容易，通常在增殖培养基上长时间不转瓶，即可见根系发生。生根方法：①无根嫩茎组培生根。切取3cm左右无根嫩茎，转插到1/2MS+0.1mg/L NAA（或IBA）的培养基上，2周即可生根。有根苗移栽成活率高，但应防止有害菌类的侵袭，造成烂根死苗。移栽初期保持高湿度、遮阴条件是必要的。生根培养基中糖的用量仍应保持30g/L，其幼苗生根数、根长及株高等均优于15g/L的糖浓度。②无根嫩茎直接插植到基质中生根。直接剪取2～3cm无根苗，插植到用促生根溶液浸透的珍珠岩或蛭石中，12d后生根率达95%～100%。直接扦插生根要求介质疏松通气，珍珠岩优于蛭石。组培苗移栽2～3周后成活，长出新根和叶，以后按苗大小逐步上盆、换盆或地植，并按常规栽培要求管理。组培苗的生长势比常规扦插苗好，尤其是茎尖繁殖的无性系。

（二）菊花无病毒苗培育

多年来菊花一直采用营养繁殖，病毒逐步积累，影响植株生长势、花形、花色、花的大小和产花量。侵袭菊花的病毒有10余种，其中菊花矮化类病毒（Chrysanthemum stunt viroid，CSV）和番茄不孕黄瓜花叶病毒（Tomato aspermy cucumovirus，TAV）可通过将植株种植在35～38℃条件下2个月，达到脱毒效果。但要脱去或削弱菊花褪绿斑驳类病毒（Chrysanthemum chlorotic mottle viroid，CChMVd）、菊花B病毒（Chrysanthemum Bvirus，CVB）等，仅用热处理难以奏效，必须通过茎尖培养。通常先将植株栽培在热处理条件下一段时间，再剥取茎尖培养，效果较好。菊花的茎尖培养以取0.5mm的长度为宜。

脱毒植株的鉴定方法常用指示植物法、嫁接法、抗血清法、电镜法、分子生物学法等。如果检测已脱去了主要病毒，便可迅速组培繁殖。原原种应通过组织培养保存或在设有严格的消毒制度与隔离条件的温室或保护区里栽培，防止再度遭到病毒的侵染。由原种繁殖产生的苗木为原种，在生产条件下栽培原种或由原种扦插繁殖的一级种，生产性能都很好，一般可在生产中利用2～3年。由于组织培养繁殖的效率极高，有条件情况下，可以每年都栽培原种菊花苗，这样即使试管苗在栽培过程中受到蚜虫和土壤线虫等媒介的传染，病毒病在当年也不可能造成明显的危害。

二、北美红杉的组培快繁

北美红杉（Sequoia sempervirens Endl）又称美国红杉，属于杉科红杉属裸子植物，起源于美国加利福尼亚州，现广泛分布于我国华东、西南地区，其适应性强，在我国上海、南京、杭州等大部分地区都有引种栽培且生长良好，是一种优良的大径级用材树种。红杉生长迅速、木材材积量高、分布广，木材材质韧性好、结构均匀，纹理清晰、易于加工，可作为家具、建筑、纸浆等用材原料，具有广泛的市场发展前景。北美红杉的繁殖方式以传统的种子播种繁育、扦插繁殖为主，此方式成本高，耗时耗力，且出苗质量不高，高矮不一致，分化现象严重，繁殖能力低。随着人们不断地挖掘，野生资源越来越少，市场上对北美红杉的需求不断增大，出现了供不应求的局面，甚至一些地区出现资源紧缺的现象。生物技术不仅能有效克服传统育苗的不足，而且培育出的苗木具有母本的优良特征，是取得优质壮苗的有效方法。

（一）外植体的消毒

植物组织培养能否顺利进行，首先要取决于外植体的灭菌、消毒环节。不同取材部位对灭菌剂的种类、浓度以及处理时间长短有所不同，因此要视材料敏感情况而定。在北美红杉组培试验研究中，最常用的消毒试剂是升汞。首先，把取回来的样品放在流水下冲洗30 min以上，可酌量加入洗涤剂；其次，剪下所需材料用75%的酒精喷洒植株表面2～3s，倒入0.1%升汞溶液处理20min；最后，用无菌水涮洗4～5次，转入培养基。该消毒方法效果显著，污染率5%，出苗率90%。常见的消毒剂有次氯酸钠、次氯酸钙、漂白粉、氯化汞、酒精、过氧化氢、溴水、硝酸银、抗生素等。外植体的消毒是整个组培试验的重中之重，消毒是否彻底关系到后续的进行，不同来源及不同老化程度的外植体对消毒试剂的选择不同。

（二）腋芽诱导

在北美红杉组培快繁试验中，利用根萌条为外植体获取芽是最快、最直接、最有效的途径之一。北美红杉诱导芽比较容易，对植物激素的选择不专一。同一激素不同浓度以及同一浓度不同激素种类的搭配使用对芽的诱导生长有不同的影响。欧阳磊等（2007）在北美红杉腋芽诱导过程中，MS为常用的培养基，6-BA和KT为主要的生长调节物质，6-BA、KT均能促进培养体上不定芽的分化和形成，在基本培养基上单独使用1.0～2.0mg/L的6-BA可成功诱导新生芽发生；将6-BA与KT配合使用则需适当降低6-BA的使用浓度，且KT浓度应以较低（0.5～1.5mg/L）为宜。另外，不同的季节取材对不定芽的诱导也有一定影响。[1]

（三）继代增殖培养

北美红杉增殖培养中，出苗率、出苗质量、繁殖系数的高低直接影响组织培养的经济效益，因此筛选增殖培养基显得十分重要（吴大忠，2007）。6-BA、KT和NAA是北美红杉增殖培养中常用的植物生长调节剂。研究发现，附加0.05～0.15mg/L 6-BA、0.05～0.1mg/L KT和0.1～0.2mg/L NAA的MS培养基均可满足北美红杉不同种源、不同无性系的增殖培养。通过对3个优良无性系品种进行增殖培养研究，进一步证明了MS+0.15mg/L 6-BA+0.1mg/L KT+0.1mg/L NAA具有较好的增殖效果。在北美红杉增殖培养中，除NAA外，将生长调节物质IBA、2，4-D和ZT配合使用，也具有较好的增殖效果。本实

---

[1] 欧阳磊. 杉木优良无性系组培快繁技术体系的建立 [J]. 南京林业大学学报，2007（3）.

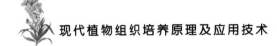

验中利用不带芽茎段为起始外植体采用MS+6–BA 2.0mg/L+KT 2.0mg/L进行分化培养，成功地诱导愈伤组织出芽，该研究发现1/2MS+6–BA 2.0mg/L+NAA 0.2mg/L也比较适合北美红杉不定芽的增殖培养。

（四）生根与壮苗

研究表明，添加0.4～2.5mg/L NAA（萘乙酸）和2.0～3.5mg/L IBA（吲哚丁酸）可诱导北美红杉生根，根的诱导与芽相比较困难，还有待进一步研究。[1]利用北美红杉徒长枝幼苗生根培养45d后，发现1/4MS培养基中芽的基部首先有乳白色的小根长出，其次在其他不同无机盐浓度培养基中陆续也有根长出。两个月后统计发现，北美红杉生根明显受无机盐浓度的影响，生根率顺序为：1/4MS>1/2MS>MS，其中发现1/4MS培养基中生根数量较多，颜色鲜嫩。1/2MS培养基中根系相对较长，但苗的生长情况不好，基部出现少量的愈伤、茎秆出现枯黄现象。MS培养基生根率较低，基部愈伤较严重且枯顶、枯黄现象较严重。结果表明，不同无机盐浓度培养基不仅影响根的分化而且影响植株的健康生长状况。基因型也制约着根系的形成，不同无性系间根的诱导也明显存在不同的差异。[2]外植体的选择对生根的影响也很重要，由于不同的取材部位其内源抑制物的积累不同，制约着植物生长素的吸收。壮苗与生根对后期的移栽、炼苗以及提高苗木质量十分关键，而影响生根的因素较多，生根环节是北美红杉组织培养中的难点，已有学者在生根方面做了大量的研究，但由于不同基因型存在较大差异，因此要针对具体基因型筛选理想的生根配方。

三、百合的组培快繁

百合是百合科（Liliaceae）百合属（Lilium）多年生草本植物，约有80种，大多可供观赏或兼有药用、食用等用途。百合的传统繁殖技术主要有分球、分珠芽鳞片扦插和鳞片包埋，其繁殖系数小，难满足生产需要；同时经多代繁殖，种性退化，病毒侵染，影响百合产量和质量。而通过组织培养，可以去除病毒和更换品种。

[1] 陈勤. 杉科植物组培生根研究机理综述 [J]. 林业实用技术，2011（6）.

[2] 彭丽春. 北美红杉嫩枝的标准化离体繁殖技术研究 [J]. 中国农学通报，2010（4）.

（一）百合快速繁殖

1.外植体及灭菌

百合的鳞片、鳞茎盘、珠芽、叶片、茎段、花器官各部和根等都可用作外植体，并能分化出苗。各种外植体培养时，都可切割成5～8mm的小块或切段。洗净的材料用70%酒精浸摇30～60s，饱和漂白粉上清液或0.1%氯化汞灭菌10～20min（视材料老嫩而异），无菌水漂洗4～8次，即可按无菌操作方法分割接种。花器官等培养时，常取未开放的花蕾，消毒后切开，取其内部材料接种。

2.培养基和培养条件

一般用固体培养基，常用配方是MS+30g/L蔗糖或白糖，各种植物激素种类和浓度根据外植体类型不同按需加入。

（1）无菌实生苗培养

用1/2MS培养基，不加外源激素，种子即可萌发为无菌实生苗。

（2）鳞片和叶片培养

用MS+0.1～1.0 mg/L 6-BA+0.1～1.0 mg/L NAA，鳞片或叶片都可产生小鳞茎状突起而分化成苗。在高NAA、低6-BA的培养基上，可一次形成完整植株，但幼苗根部有肿胀现象。相反，高6-BA、低NAA时，能形成大量小鳞茎状突起，从中分化出芽而无根。这样的芽可转入生根培养基MS+1.0 mg/L IAA+0.2 mg/L 6-BA（或用NAA、IBA代替IAA），使其生根形成壮苗。

（3）茎段、花柱和珠芽培养

用MS+1.0 mg/L IAA+0.2 mg/L 6-BA，可直接分化出芽。在花器官中以花丝和花托为材料，优于花柱和子房。麝香百合（Lilium longi florum）花器官培养的植株，生长约6个月以后，即可开花。

（4）根培养

以毛百合（Lilium dauricum）根为材料，在MS+0.5～1.0mg/L NAA培养基上形成肿胀的粗根，将其切成小段，转到MS+2mg/L 6-BA+0.2mg/L NAA的培养基上培养，便能分化出苗。而轮叶百合（Lilium distichum）在上述培养基上不形成肿胀的根段。毛百合试管苗经5～6个月后，能形成直径17mm左右的鳞茎，移栽后成活情况良好，一些品种移栽后一年半，即开出大而美丽的花朵。

（5）胚培养

为防止杂种胚与胚乳间不亲和而造成胚败育，采取胚培养的方法可获得杂种植株。培养时仍以MS培养基较好，蔗糖浓度视胚的种类而异，常为

20～40g/L，pH5.0。NAA用量宜为0.001～0.01mg/L。加入适量6-BA有利幼胚成活，高6-BA会抑胚根产生，促进胚组织愈伤化。通常先用MS+1mg/L6-BA+0.1mg/LNAA培养，促进愈伤组织生长，然后将长大的愈伤组织转移到1/2MS不加任何激素的培养基上，约2个月后，可形成大量不定芽，延长培养时间，就会生根，形成完整杂种植株。培养条件：温度20℃～25℃，光照强度800～1200lx，光照时间9～14h/d，pH5.6～5.8。

3.影响小鳞茎形成的因素

影响小鳞茎形成的因素主要有：①鳞片生理状态。采自不同生长季节的鹿子百合（Lilium speciosum）鳞片，在LS+0.03mg/L NAA的培养基上培养6周，发现春季的鳞片分化能力最好，秋、夏次之，冬季最差，几乎不能再生小鳞茎。②鳞片不同部位。鳞片下部多形成小鳞茎能力最强，中部其次，上部几乎无能力。

4.百合快速繁殖实例

天香百合、鹿子百合、杂种百合和麝香百合等大量繁殖的具体方法是：把最初培养得到的小鳞茎，每2个月用MS+0.1mg/LNAA+9%蔗糖+o.5%活性炭的琼脂培养基继代培养1次，2个月后将得到的小鳞片切割，转移到MS+10mg/LKT的琼脂培养基上培养，给予25℃和2.5W/m²的连续光照。再过2个月后，在原小鳞片的表面再生出无数成堆的、新的小鳞片。将这些小鳞片转移到加100mLMS的液体培养基中，置25℃、0.5W/m²连续光照条件下，在180r/min旋转摇床上培养1个月。已证明这种条件最适宜小鳞片快速增长。然后将小鳞片用20mm×90mm培养皿培养，每皿放50mL培养基，培养基为MS+0.1mg/LNAA+9%蔗糖+0.5%活性炭+0.8%琼脂，每皿接种小鳞片10个。经培养可产生大量小鳞茎，其鲜重有不足0.3g及0.3～0.7g，其中不足0.3g的小鳞茎所占比例较高。形成的小鳞茎可进行田间种植。

（二）百合破除休眠

温度和培养基中的糖浓度是影响百合组培小鳞茎破除休眠的两个重要因素。

1.温度对破除休眠的影响

将未经低温处理的麝香百合和杂种百合的组培小鳞茎移植到土壤里，无论培养时糖浓度如何，其抽叶生长和抽出花莛都受到抑制。来自90g/L糖的鹿子百合和天香百合的组培小鳞茎，既不抽叶也不抽薹，其可能处于休眠状态。采用5℃、15℃、25℃、30℃分别储存组培小鳞茎100d，然后种植于田间，发现5℃低温能有效破除休眠，而15℃以上则不能。

2.培养基中糖浓度对破除休眠的影响

将组培小鳞茎移栽到土壤中，发现30g/L糖培养基上产生的小鳞茎，鳞叶抽生受到促进，90g/L糖培养基上产生的小鳞茎则没有这种现象，但杂种百合鳞叶是由90g/L糖的培养基上产生的小鳞茎形成的。从30g/L糖的培养基上获得的小鳞茎，在5℃下处理50d后，可破除休眠，而来自90g/L糖的小鳞茎则不能，但两者都有根的形成。前者在5℃下处理70d后，100%萌出鳞叶；后者处理80d后才有37%破除休眠，若要更好破除休眠，则至少需要120d的低温处理。30g/L糖培养基上长出的小鳞茎，低温处理70d后有抽薹植株，90g/L糖的则要100～140d才行，但抽薹的百分数要比30g/L高。

麝香百合在90g/L糖培养基上产生的小鳞茎要比60g/L糖上产生的大，前者小于0.4g的为64%、0.4～0.8g的为31.3%、大于0.8g的为4.7%；后者小于0.4g的为76.6%、0.4～0.8g的为19.0%、大于0.8g的为4.4%。土壤中栽培1年后，所收获的鳞茎大约有70%的重量在5～19.9g。不论培养时糖浓度有何差别，大约有40%的植株开花。百合杂种在种植的第1年可开花，其他种如天香百合和鹿子百合，种植2～3年才能开花。

四、凤梨的组培快繁

（一）无菌体系建立

1.外植体选择与消毒

凤梨的吸芽、侧芽和顶芽等嫩芽均可作为外植体。剥去大部分外层叶片，以1%次氯酸钠溶液加几滴Tween-20做展着剂，消毒15min，并用无菌水冲洗5～7次。用刀片切去外层叶片，露出芽尖和小腋芽，分别将其取下，接入初代培养基中。

2.初代培养

凤梨的嫩芽常采取液体培养，接入MS+KT 2.5mg/L+糖3%的液体培养基中，再放置在20r/min的培养器上振荡培养，培养过程中光照16h/d，光照强度1500～2000 lx，经过一个半月左右即可长出丛生的新芽。

在凤梨芽体诱导培养中，经常遇到的问题是一些种类外植体发生褐变而导致死亡。褐变与凤梨的种类、采集的时间等有关。为减轻褐变，首先可以从植物种类和外植体采集时间进行调控，然后通过添加抗坏血酸、聚乙烯吡咯烷酮和活性炭等防止褐变的化学物质以降低褐变程度。

（二）继代增殖培养

将1.0～2.0cm高的侧芽从短缩茎上切下，转接到MS+BA 0～3.0mg/L+NAA 0～2.0mg/L继代培养基上。在继代培养过程中，增殖系数随着细胞分裂素BA的浓度升高而增加，但丛生芽越来越弱小，有效增殖系数会降低。在继代培养时，采用机械损伤分生组织的方法，即用手术刀将生长点纵向对切，同样培养条件下芽分化数量显著提高，平均1个芽增殖4～5个，这可能是因为生长点分生组织受损伤后，促使细胞分化形成芽原基所致。

（三）生根培养

在1/2 MS+ NAA 0.1 mg/L或IBA 0.3～0.5 mg/L生根培养基上，15 d左右诱导出健康的根系，1个月后苗高3～6 cm，根长2～5 cm，根数1～6条，叶色浓绿、舒展。

（四）驯化移栽

生根苗在移苗室闭瓶炼苗3d，再打开瓶盖炼苗2d，经洗苗、高锰酸钾或多菌灵消毒等环节再移栽于移栽苗床上，移栽基质以珍珠岩和椰壳（或草炭）按体积比各半的比例为主要基质的培养土或园田土：椰糠：河沙：牛粪=4：1：1：1培养土较好。移栽后适当遮阴，喷雾保湿，移栽试管苗成活率可达95%～98%。

五、仙客来的组培快繁

（一）无菌体系建立

1.外植体选择与消毒

仙客来的组织培养以种子或幼嫩的叶片作为外植体效果较好。在以幼嫩的叶片作为外植体时，需对植株进行预处理，即取材前2～3周，将母株置于室内培养，并采用浸盆法给植株补水。接种前采摘健壮无病的嫩叶作为外植体。经常规处理后，用70%乙醇处理1min，然后经0.1%升汞溶液浸泡10min，1%次氯酸钠溶液中浸泡5min，无菌水冲洗3次，将叶片切成

0.5cm见方的小块，接入诱导培养基。[1]

2.初代培养

在MS+BA2.0mg/L+KT 0.1～0.2mg/L+NAA 0.1～0.2mg/L诱导培养基上，20d后叶切块边缘组织膨大，产生浅色愈伤组织，30d左右在愈伤组织表面出现淡绿色不定芽丛。

（二）继代增殖培养

将不定芽丛切割成单个芽体，转接到MS+BA 1.0mg/L+IAA 1.0mg/L继代培养基上，20d后便可再次分化出丛生苗，如此将丛生苗不断继代，可以得到大量的不定丛生芽，当丛生芽长到一定的高度时可以进行生根培养。

（三）生根培养

将丛生苗分切成单株，接种到1/2MS+IBA 0.1～0.2mg/L的生根培养基上，20d后可在苗的基部形成幼根，随着IBA浓度的升高，生根率会升高，但当浓度过高，会发生愈伤组织畸形现象。

（四）驯化移栽

将出瓶后的组培苗经过常规清洗后，移栽至灭过菌的由腐叶、细沙或珍珠岩按体积以1：3的比例配成的混合基质中，保持空气湿度在70%～80%，遮光率为60%～70%，环境温度保持18～20℃。经1～2个月的精细管理，即可按照苗期管理。仙客来喜潮湿的土壤环境，并加强通风。当小苗的新叶开始萌动后，可适当追肥。仙客来忌高温，喜凉爽、疏荫的环境，夏季驯化要加强环境条件控制。

---

[1] 袁学军.植物组织培养技术[M].北京：中国农业科学技术出版社，2016.

参考文献

[1] 袁学军. 植物组织培养技术[M]. 北京：中国农业科学技术出版社，2016.

[2] 唐军荣，辛培尧. 植物组培快繁实例[M]. 北京：化学工业出版社，2017.

[3] 胡颂平，刘选明. 植物细胞组织培养技术[M]. 北京：中国农业科学技术出版社，2014.

[4] 陈世昌，徐明辉. 植物组织培养[M]. 重庆：重庆大学出版社，2016.

[5] 李胜，李唯. 植物组织培养原理与技术[M]. 北京：化学工业出版社，2007.

[6] 李云. 林果花菜组织培养快速育苗技术[M]. 北京：中国林业出版社，2001.

[7] 刘庆昌，吴国良. 植物细胞组织培养[M]. 北京：中国农业大学出版社，2003.

[8] 崔德才，徐培文. 植物组织培养与工厂化育苗[M]. 北京：化学工业出版社，2004.

[9] 周维燕. 植物细胞工程原理与技术[M]. 北京：中国农业大学出版社，2001.

[10] 孙秀梅. 农业生物技术[M]. 北京：中国农业出版社，2001.

[11] 郑成木，刘进平. 热带亚热带植物微繁殖[M]. 湖南：湖南科学技术出版社，2001.

[12] 潘瑞炽，植物组织培养[M]. 广州：广东高等教育出版社，2003.

[13] 梅家训，丁习武. 组培快繁技术及其应用[M]. 北京：中国农业出版社，2003.

[14] 肖玉兰. 植物无糖组培快繁工厂化生产技术[M]. 昆明：云南科技出版社，2003.

[15] 柳俊，谢丛华，植物细胞工程第2版[M]. 北京：高等教育出版社，2011.

[16] 刘弘. 植物组织培养[M]. 北京：机械工业出版社，2012.

[17] 周鑫. 植物组织培养[M]. 北京：航空工业出版社，2012.

[18] 郑永娟，汤春梅. 植物组织培养[M]. 北京：中国水利水电出版社，

2012.

[19] 巩振辉，申书兴. 植物组织培养[M]. 北京：化学工业出版社，2013.

[20] 王蒂，陈劲枫. 植物组织培养[M]. 北京：中国农业出版社，2013.

[21] 王振龙，李菊艳. 植物组织培养教程[M]. 北京：中国农业大学出版社，2014.

[22] 秦静远. 植物组织培养技术[M]. 重庆：重庆大学出版社，2014.

[23] 王宪泽. 生物化学实验技术原理和方法[M]. 北京：中国农业出版社，2002.

[24] 王永平，史俊. 园艺植物细胞组织培养[M]. 北京：中国农业出版社，2010.

[25] 王玉英，高新一. 植物组织培养技术手册[M]. 北京：金盾出版社，2006.

[26] 吴乃虎. 基因工程原理[M]. 北京：科学出版社，2002.

[27] 许继宏. 药用植物细胞组织培养技术[M]. 北京：中国农业科学技术出版社，2003.

[28] 薛建平. 药用植物生物技术[M]. 合肥：中国科学技术大学出版社，2005.

[29] 肖玉兰. 植物无糖组培快繁工厂化生产技术[M]. 昆明：云南科学技术出版社，2003.

[30] 闫新甫. 转基因植物[M]. 北京：科学出版社，2003.

[31] 殷红. 细胞工程[M]. 北京：化学工业出版社，2006.

[32] 熊兴耀，李炎林. 木本植物种质资源超低温保存研究进展[J]. 湖南农业大学学报（自然科学版），2012（4）.

[33] 王文和. 未授粉子房和胚珠离体培养诱导植物雌核发育研究进展[J]. 植物学通报，2005（22）.

[34] 肖军，张云霄，刘伯峰. 烟草的组织培养技术研究[J]. 泰山学院学报，2009（6）.

[35] 易丽娟等. 中林美荷杨叶柄的组织培养及植株再生[J]. 植物生理学通讯，2004（5）.

[36] 于学宁等. 杨树离体快繁和叶片再生体系的建立[J]. 山东科学，2008（1）.

[37] 马晓菲，张家菁，于元杰. 防风组织培养中的玻璃化现象研究[J]. 分子植物育种，2013（3）.

[38] 付慧晓，王道平，黄丽荣. 刺梨和无籽刺梨挥发性香气成分分析

[J]. 精细化工，2012（9）.

[39] 文晓鹏，曹庆琴，邓秀新. 不同刺梨基因型对白粉病的抗性鉴定[J]. 果树学报，2005（6）.

[40] 李翠兰等. 黄花倒水莲组织培养体系的建立研究[J]. 现代农业科技，2012（13）.